Continuum Mechanics

연속체 역학

초음속 비행기를 제작하거나, 자동차의 엔진을 고출력으로 개선하거나, 바다를 가로 지르는 거대한 교량을 만들거나, 초고층 빌딩을 세우거나, 날씨를 예측하거나, 지각의 변동을 연구하거나 이러한 모든 것은 재료와 관련이 있다. 여기서 재료라는 것은 고체, 액체, 그리고 기체를 포함하는 포괄적인 개념에서의 단어로 사용되었다. 인류의 역사가 시작된 이후로 사람들은 재료를 사용하여 끊임없이 무엇인가를 만들어 왔다. 찬란한 이집트 문명에서 볼 수 있는 거대한 피라미드와 신전, 그리스-로마 시대를 대표하는 우아한 건축물과 공공의 유익을 위한 구조물, 놀라운 예술미가 빛나는 우리나라의 석탑과 아름다운 건축물들은 모두 인간의 이상을 표현하려는 노력의 일환으로 볼 수 있다. 창조는 인간의 영역에 속한 것이 아니기에 해아래서 새로운 것은 없으나 인간들은 다양한 재료를 사용하여 필요하다고 생각한 무엇인가를 제작 하였다고 볼 수 있다. 근대적인 자연과학과 공학이 태동하고 발전하기 시작하였던 Galileo와 Newton 등의 대학자들의 시대에는 고대로부터 전해 내려오던 방대한 자연과학의 지식들이 불완전 하던 형태를 벗어나 구체적이며 과학적인 언어로 형성화되기 시작했던 시기였다.

고대로 부터 전해내려온 많은 문명에서 배출해낸 결과물들은 모두 재료를 사용하여 이상을 실체화 시킨 것으로 볼 수 있다. 예를 들어, 이집트 문명의 거대한 석조 건축물들은 나일강 기슭에 있는 대규모 채석장에서 재료를 공급받아 세워진 것으로 알려져 있다. 초음속 항공기를 제작하기 위해서는 항공기 주위에서 흐르는 기체의 특성을 원벽히게 알아야 하며, 보다 효율적인 고출력의 엔진을 만들기 위해서는 엔진의 내부에서 연료와 공기의 혼합체가 어떠한 방식으로 연소되는지를 알아야 하며, 정확한 기후의 변화를 예측하기 위해서는 전 지구적으로 움직이는 공기와 온도 등의 변화를 시시각각으로 알고 있어야 한다. 연속체 역학은 이러한 과학적 사유의 흐름을 자연스럽게 수학적인 도구를 사용하여 구체화 시킨 학문 중의 하나이다. 재료를 사용하여 무엇인가를 만들어 내기 위해서는 그 재료의 성질을 정확하게 파악하는 것이 중요한데 이를 위해서는 적절한 범위와 수준을 갖춘 학문적인 준거틀(framework)이 필수적이다.

재료의 성질을 규정하는 것은 원자와 그 원자들이 이루는 결정 또는 비결정 형태의 구조이므로 원자 단위의 해석이 필요하게 되나 현재의 과학 기술로서는 개별 원자의 거동을 분석하여 해당된 물체에 대한 의미 있는 정보를 얻기는 불가능하다. 따라서 원자 단위가 아닌 보다 큰 크기의 물체를 해석적으로 다룰 수 있는 수학적 모델이 필요하게 되는데 이를 위해서 체계적으로 정리된 학문이 바로 연속체 역학이다. 연속체는 개별 원자가 아닌 다수의 원자의 집합을 하나의 질점의 개념으로 정리하여 고안된 가상의 물질이라고 생각할 수 있다. 연속체 역학은 연속체의 개념을 사용하여 역학적인 입력에 대한 물체의 반응을 설명하기 위하여 발전되어 온 중요한 이론이며 연속체 개념을 사용하여 주어진 계(system)에 대한 필수적인 보존 방정식들을 정의하고, 내부 및 외부 입력에 대한 물질의 역학적 성질을 정의하는 구성 방정식을 중심으로 전개된다.

이 책에서는 연속체에 대한 정의, 보존 방정식, 그리고 구성 방정식을 다음과 같이 체계적으로 소개하고 있다.

1장에서는 연속체의 개념과 연속체 역학의 필요성에 대하여 기술하였다. **2장**에서는 연속체 역학에서 필수적인 수학적 도구인 텐서에 대한 기본적인 내용을 설명하였다. **3장**에서는 연속체의 운동과 변형에 대한 내용을 다루는 운

연속체 역학

최 덕 기 지음

CONTINUUM MECHANICS

CONTINUUM MECHANICS

동학에 대하여 기술하였다. **4장**에서는 연속체에서 정의되는 응력 벡터와 응력 텐서를 사용하여 응력에 대한 개념을 설명하였다. **5장**에서는 연속체에 적용되는 물리적 법칙들 설명하고 그에 따른 방정식을 유도하는 과정을 담았다. 질량 보존 법칙, 선형 운동량 보존 법칙, 각 운동량 보존 법칙과 에너지 보존 법칙, 열역학 제2법칙 등에 대한 내용이 차례로 제시된다. **6장**에서는 등방성 선형 탄성 재료를 택하여 연속체의 개념을 적용한 고체에 대한 구성 방정식과 보존 방정식들에 대한 내용을 상세하게 설명하였으며 반평면 문제, 평면 변형률 문제, 평면 응력 문제 그리고 열탄성 문제를 해석하기 위한 다수의 방정식들을 유도하고 소개하였다. **7장**에서는 유체의 종류와 유동에 대한 방정식을 소개하고 특별히 비점성, 점성 및 비압축성 유체를 중심으로 다루었다.

이 책의 특징은 다음과 같다.

1. 연속체 역학의 입문서 역할을 할 수 있도록 내용의 난이도에 따라 주의깊게 배치하여 단계별로 나아가는 체계적인 학습을 할 수 있도록 하였다.
2. 연속체 역학의 방대한 내용 중에서 핵심적인 내용을 선택하여 집중적으로 설명하여 학습 하는데 부담감을 덜어주고자 노력하였다.
3. 각 장의 끝에는 엄선된 문제들을 배치하여 학습한 내용의 충실도를 가늠해 볼 수 있도록 배려하였다.

먼저, 이 책의 출판에 수고를 아끼지 않은 도서출판 영 관계자 여러분께 감사드린다. 늘 관심과 격려를 아끼지 않으시는 부모님과 사랑하는 아내와 딸에게도 고마움을 표하고 싶다. 끝으로 이 책이 대한민국의 이공학도들로 하여금 보다 깊은 학문에 길에 들어서는데 있어서 도움이 된다면 저자에게는 큰 기쁨이 될 것이다.

2014년 죽전에서

최 덕 기

Contents

Contents

제 1 장 연속체와 연속체 역학

1.1 연속체(Continuum)

모든 물체는 무수히 많은 원자로 구성되어 있다. 영국의 과학자 Ernest Rutherford(1871-1937)는 금박(gold foil) 실험을 통하여 물체의 원자의 내부는 대부분이 빈 공간임을 발견했다. 물체의 물리적 성질, 예를 들어, 임의의 체적에 대한 밀도를 생각해 보면 원자를 많이 포함하고 있는 경우와 덜 포함하는 경우에 따라서 분명하게 차이가 난다. 즉, 설정하는 체적의 위치나 크기에 따라서 밀도는 크게 차이가 날것이다. 불연속적인 밀도 값은 물체의 성질을 파악하고 해석하는데 있어서 자료로 사용하기가 불가능하므로 최소한의 연속성이 보장 될 수 있는 크기의 공간이 필요하게 되는데 이러한 조건을 만족시킬 수 있는 수학적 모델로 제안된 것이 연속체(continuum)이다. 연속체에서는 임의의 지점에서의 물리적 성질이 주위의 지점들을 포함하는 위치 기반의 함수로 표현될 수 있으며 수학적 연속성을 만족시키게 된다.

물체의 물리적 성질을 설명할 수 있는 가장 정확한 방법은 물체를 이루고 있는 개별 원자의 움직임을 파악하는 것이다. 원자를 사용한 해석에서 가장 어려운 문제는 원자와 원자 사이에서 작용하는 힘을 정확하게 규명하는 것이며 원자 사이에서 작용하는 힘을 기본으로 하여 Newton 역학 방정식을 적용하여 각 원자의 움직임을 알아보는 것이 물체의 미시적인 성질을 찾아내는 가장 기본적이며 중요한 실체가 된다. 원자 사이에는 서로를 끌어당기는 힘과 밀쳐내는 힘이 동시에 존재하며 그것은 물체의 종류에 따라 달라진다. 힘을 가했을 때 물체의 변형을 예측하기 위해서는 그 물체를 구성하고 있는 모든 분자나 원자의 움직임을 완벽하게 알고 있어야 한다. 원리적으로는 물체를 구성하고 있는 원자들의 움직임을 계산하는 것은 어렵지 않다. 만일 모든 원자들의 초기 위치를 알 수 있다면 Newton 역학 방정식을 이용하여 임의의 순간에 각 원자들이 어떤 위치에 있을지를 예측할 수 있게 된다. 그러나 물체를 구성하고 있는 방대한 양의 원자로 인하여 오늘날의 초대형 컴퓨터라 할지라도 조그마한 크기의 영역에 있는 원자들에 대하여 그 움직임을 모두 계산할 수 있는 능력을 갖지 못하고 있을 뿐만 아니라 실험적인 자료가 부족한 상태이다. 그러므로 현재 수준의 기술이 감당할 수 있는 수준에서의 해석을 위한 준거(framework)와 일관성 있는 이론이 필요하다. 이러한 관점에서 볼 때 연속체의 개념은 가상의 질점을 지정하여 공간상에서 변하는 속도와 위치 그리고 다른 질점과의 상대 위치 등을 규정하고 해석하는 데 중요한 출발점을 제공해주고 있다.

연속체 내부에서의 임의의 한 점은 질점(material point)이라고도 하는데 개별적인 원자를 지칭하는 것이 아니라 다수의 원자들의 집합체를 의미한다. 즉, 질점은 물리적인 연속성을 만족시킬 수 있는 최소 개수의 원자들의 집합으로서 그 크기는 규격화되어 있지 않으며 다만 물체에 작용하는 다양한 물리 법칙을 적용시킬 수 있는 가상의 점을 의미함을 유의해야 한다. 물체의 역학적인 성질을 알아내기 위해서 연속체의 개념을 도입하는 이유는 실제 물체는 수많은 원자로 이루어져 있기 때문에 개별 원자의 움직임을 파악하기는 불가능하고 실제 물체의 물리적 성질은 불연속성을 지니기 때문이다. 연속체는 질점으로 이루어진 가상의 물체라고 생각할 수 있으며 연속체에 대하여 정의되는 여러 가지 성질은 실제 물체와 달리 관심을 두는 영역에서 연속성을 가져야 한다. 수학적으로 말한다면 연속체에 대한 어떤 물리적 실체(예를 들어 물체의 밀도)는 임의의 질점 주위에서 연속된 값을 가져야 한다는 것을 의미하며 이는 밀도가 질점의 위치와 시간에 따른 연속 함수가 됨을 의미한다. 또한, 연속체는 물질에 대한 수학적 모델로 볼 수 있다. 여기서 말하는 물체란 고체, 유체(액체와 기체를 포함) 등을 의미한다. 일반적으로 고체는 유동성을 가지지 않는 반면에 유체는 유동을 하게 되며 또한 점성이 주요하게 작용하는 액체와 무시할 수 있는 기체로 나누어진다.

예를 들어, 알루미늄 야구 배트의 밀도를 알아보고자 하는 경우 임의의 지점에서 샘플을 취해서 측정할 수 있을 것이다. 그러나 여기서 한 가지 문제가 발생하는데 그것은 샘플을 취하는 지점에 따라서 밀도가 달라질 수 있다는 것이며 야구 배트의 손잡이 부분과 중간 부분 그리고 끝 부분에서의 밀도는 실제로

약간의 차이가 있을 것이다. 야구 배트의 밀도를 측정하는데 있어서 또 한 가지의 문제가 있는데 그것은 샘플의 크기 문제이다. 즉, 어느 정도 크기의 샘플을 잘라내야 그것이 전체 야구 배트의 물리적 성질을 대표할 수 있을 것인가에 대한 질문에 답해야 한다. 연속체는 앞서 언급한 두 가지 문제에 대처할 수 있는 해결책으로 사용하기 위하여 실제의 물체의 성질을 대변할 수 있는 가상의 물체라고 할 수 있다.

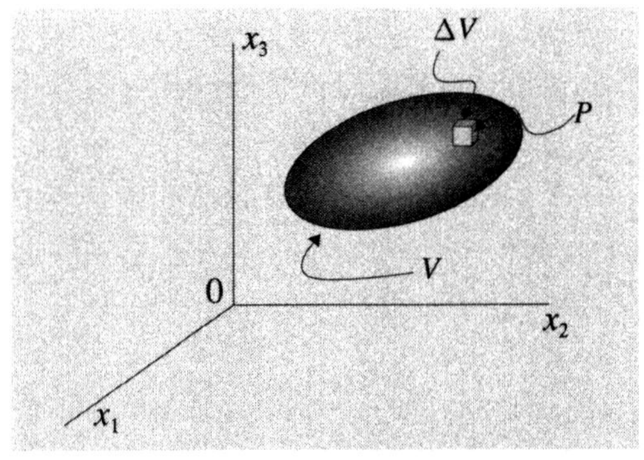

그림 1-1 체적 V 인 연속체 B 와 질점 P 에서의 미소 요소 ΔV

그림 1-1에서 보는 바와 같이 체적이 V 인 연속체가 차지하고 있는 공간을 B 라고 하자. 이때 연속체 내부의 한 점을 P 라고 하면, 즉, $P \in B$, 그 점에서의 밀도 ρ는 다음과 같이 정의된다.

$$\rho = \lim_{\Delta V \to 0} \frac{\Delta m}{\Delta V} \tag{1.1.1}$$

여기서 Δm은 미소 질량, ΔV는 미소 체적이다. 식(1.1.1)에서 정의한 바에 따라서 체적 요소를 압축 시키면, 즉, $\Delta V \to 0$ 일때의 밀도는 P 점에서의 밀도와 동일하게 된다고 볼 수 있다. 여기서 정의된 밀도는 엄밀한 의미로 볼 때 미소 체적에 대한 평균 밀도이다. 그러나 연속체내의 미소 체적은 수많은 질점들로 구성되어 있으므로 특정한 하나의 질점에 대한 밀도를 구하기 위해서는 체적이 한 점으로 수렴하여 작아져야 하므로 $\Delta V \to 0$ 의 조건을 만족해야 한다.

한 점 P 에서의 밀도는 식(1.1.1)에서 미소 체적 ΔV에 대하여 정의되었으므로 이를 연속체 B 에 확대하여 적용시키면 밀도는 연속체 B의 전체 영역에서 연속하다는 가정을 사용할 수 있다. 즉, 연속체의 개념이 성립되는 것은 어떤 물질의 성질이 주어진 공간에서 충분히 연속적으로 존재할 경우를 뜻한다. 만일 물체의 내부에서 물리적 특성의 급격한 변화가 있다면 연속체 역학의 법칙들을 적용하기가 불가능하다. 예를 들어 재료의 밀도가 인접한 공간에서 현저하게 변하는 경우는 연속체로 취급하기가 불가하다.

결론적으로 개별 원자 수준에서는 물체의 성질은 원자와 원자 사이의 공간으로 인하여 불연속인 실체로 취급할 밖에 없어서 원자의 집합체가 필요하게 된다. 연속체로 취급할 수 있는 영역의 크기는 특정 값으로 정해진 것은 없으나 연속적인 성질을 유지하게 된다면 크기에 관계없이 연속체로 취급할 수 있다. 그러므로 연속체 이론을 적용하기 위해서는 물체에 대하여 고려하고자 하는 영역이 연속적인 물리적 성질을 가질 수 있도록 충분히 커야 한다는 가정이 반드시 필요하다. 또한, 연속체는 가상의 질점을 모아 놓은 집합체로서의 성질을 가지고 있으므로, 연속체에서 정의되는 질점은 질량을 가지고 있으며 자체로서 밀도가 정의될 수 있는 수학적 개념을 갖는다.

1.2 연속체 역학(Continuum Mechanics)

연속체 역학은 연속체에 대한 Newton의 역학 법칙을 적용하는 데 대한 이론이다. 또한, 연속체 역학은 우리 주위에서 흔히 볼 수 있는 물체의 변형과 운동에 관한 내용을 체계적으로 정리한 학문의 한 분야이다. 연속체란 물체의 물리적 성질이 연속되어 있다고 가정하고 다양한 문제를 해석하기 위한 가상적인 물체이다.

연속체는 고체(solids)나 유체(fluids)로 간주할 수 있으며 그에 따른 역학적 성질을 나타내는 방정식은 다르게 된다. 그럼에도 불구하고 고체나 유체에 적용되는 법칙들은 서로 공통된 점이 많이 있는데 그 이유는 고체나 유체를 연속체로 취급하면 그 종류에 관계없이 Newton의 역학법칙을 적용할 수 있기 때문이다. 질량 보존의 법칙, 운동량 보존의 법칙, 각운동량 보존 법칙, 그리고 열역학 관련 법칙들은 연속체 관점에서 볼 때 고체와 유체에 동일한 방식으로 적용되며 고체와 유체를 구분하는 것은 단지 구성 방정식이 어떤 형태로 정의되었는가에 따라 달라진다. 고체를 예를 들면 외부의 힘에 의하여 변형이 시작되며 그 내부에는 대응되는 내력이 생기게 된다. 해석하고자 하는 고체에 대한 변형과 힘의 관계를 알게 되면 그 고체의 거동을 예측할 수 있게 되고 필요한 부분에 사용할 수 있도록 적용할 수 있게 된다. 반면에 유체는 외부에서 힘이 가해졌을 때 유동이 시작된다. 유체의 유동은 압력이나 밀도의 차이를 만들어 내며 복잡하고 다양한 현상들을 만들어내게 된다.

또한 연속체 역학에서 사용되는 모든 방정식은 물체의 성질이나 운동을 포함한 내용을 묘사하는 목적으로 유도되며 위치와 시간의 함수로 주어지는데 이는 수학에서 말하는 장(field)의 개념과 직접적인 관계가 있다. 장의 개념은 위치와 시간의 두 변수를 가지는 함수와 유사하다고 볼 수 있다. 장의 개념은 복잡한 자연 현상을 수학적으로 간결하게 묘사해 줄 수 있기 때문에 연속체 이론에서 많이 사용되고 있다. 예를 들어 고체에서는 하중 조건에 따른 응력장(stress field)을 정의하며, 유체에서는 속도장(velocity field) 또는 압력장(pressure field) 등을 도입하여 해석에 사용한다.

결론적으로 연속체 역학에서 가장 관심을 가지는 세 가지의 주제들은 다음과 같다.

1. 연속체의 변형과 운동을 묘사할 수 있는 체계적인 운동학적 이론을 이해하고 적용하는 방법

2. 질량 보존, 운동량 보존, 에너지 보존 등의 물리적 개념을 연속체에 적용할 수 있는 방정식 형태로 정의하고 유도하는 방법
3. 다양한 물리적 및 화학적인 하중이 가해질 때 이에 대응하는 연속체의 반응을 실제 물체와 가장 가깝게 묘사할 수 있는 구성 방정식을 정의하고 사용하는 방법

연속체의 특성을 묘사하기 위해서는 다수의 방정식들을 정의하고 유도해야 하는데 이를 위한 체계적인 해석 도구가 텐서(tensor)이다. 텐서를 잘 활용하면 연속체 역학에서 사용되는 방정식들에 대한 이해와 사용 능력이 수월하게 증진되기 때문에 이 책에서도 텐서의 기본적인 부분을 상세하게 기술해 놓았다. 끝으로 연속체 역학을 학습하고 나면 학부 과정에서 따로 배웠던 고체와 유체에 대한 역학적 체계를 하나의 큰 그림으로 잡을 수 있는 큰 유익을 얻을 수 있을 것이다.

제 2장 텐서(Tensor)

2.1 텐서와 표기법

2.2 스칼라, 벡터, 텐서

2.3 아인슈타인의 중복 지수 법칙

2.4 Kronecker delta와 연산

2.5 내적과 이중 점곱

2.6 외적과 텐서곱

2.7 삼중 내적과 삼중 외적

2.8 대칭 텐서와 비대칭 텐서

2.9 텐서의 역과 직교 텐서

2.10 텐서의 미분

2.11 Gauss 정리

2.1 텐서와 표기법

텐서의 장점은 자연 현상을 묘사하는데 가장 적합하며 무한대의 차원까지라도 확대가 가능하다는 점과 복잡한 형상에서의 여러 가지 법칙을 일관성 있게 나타내는데 탁월한 기능이 있어서 대부분의 고급 과학 문헌에서 많은 학자들에 의하여 사용이 일반화되어 있다. 또한 텐서는 마치 외국어와 같이 과학 분야에서의 하나의 체계적인 수학체계이므로 일단 어느 정도의 개념을 익히고 나면 그 확장성은 사용하는 사람의 능력에만 제한된다. 처음으로 입문하는 사람들에게 있어서는 다소 복잡하기도 하고 이해하기도 어려운 내용이 있어서 쉽게 접근할 수 없는 것으로만 생각하기 쉽다. 그러나 차근차근 기본 개념을 익히고 가노라면 그 체계의 일관성과 논리성에 수긍하게 되어 텐서 체계가 다양한 분야에서 널리 사용되는 이유를 알게 될 것으로 생각한다.

물체의 속도 v가 3차원 공간의 임의의 위치 (x_1, x_2, x_3)에서 (v_1, v_2, v_3)와 같이 측정되었다면 이를 표시하는 방법은 몇 가지가 있다. 첫 번째 방법은 성분을 다음과 같이 그대로 표시하는 방법이다.

$$\mathrm{v} = (v_{1,} v_{2,} v_3) \tag{2.1.1}$$

이 방법은 간단하기는 하지만 수식의 유도나 방정식을 구성하는데 불편하다. 두 번째 방법은 기준이 되는 좌표축을 표시하는 단위 벡터를 사용하여 다음과 같이 표시하는 것이다.

$$\mathrm{v} = v_1 \mathrm{e}_1 + v_2 \mathrm{e}_2 + v_3 \mathrm{e}_3 \tag{2.1.2}$$

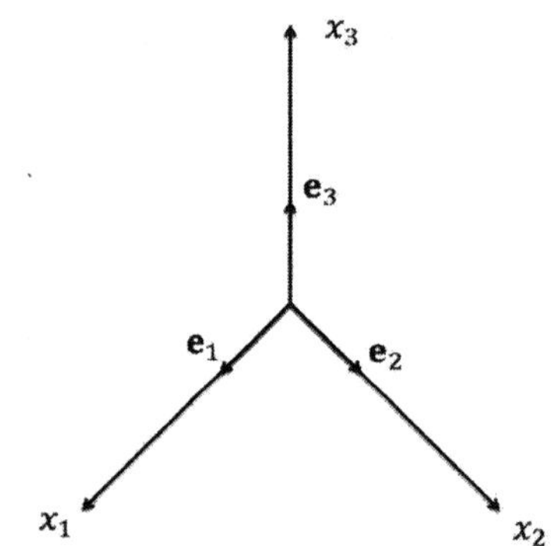

그림 2-1 Cartesian 좌표계와 기저 벡터

여기서 $\mathrm{e}_1, \mathrm{e}_2, \mathrm{e}_3$는 그림 2-1에서 보듯이 x_1, x_2, x_3축 방향으로의 단위 벡터이다. 즉, 단위 벡터를 보면 어떤 좌표에서 속도가 측정되고 정의되었는가를 쉽게 알 수 있다. 이 표기방법은 첫 번째 방법보다 좌표와 관련된 정보를 확실하게 얻을 수 있고 연산에 편리한 이점이 있다. 세 번째 방법은 좌표에 관계없이 복잡한 연산까지도 처리할 수 있는 표기 방법이다. 이 방법은 벡터나 텐서를 표시할 때 그 성분을 지수를 v_i와 같이 표시하는 방법이다. 여기서 지수 i는 차원에 따라 다르나 3차원을 가정하면 1, 2, 3의 값을 갖는다. 즉, v_i가 의미하는 바는 (v_1, v_2, v_3)을 성분으로 가지는 벡터를 의미하게 되며 만일 x,y,z좌표를 택한다면 v_x, v_y, v_z와 동일하다. 텐서를 표현할 때 지수형태로 표기하는 것은 각 요소에 대한 성질과 텐서 연산 시에 편리함을 가져다준다. 반면에 지수형태로 표시한 식은 길어질수록 한눈에 들어오기가 쉽지 않으며 수식이 의미하는 바를 이해하기가 어렵다. 그러므로 최근에는 지수형태보다는 Gibbs 표기법이 많이 사용되고 있다. Gibbs 표기법에서는 벡터는 **v**, **u**등의 로마자의 굵은 소문자로, 텐서는 굵은 대문자 **C**, **D** 등으로 나타내며 그리스 문자 σ, ϵ 등은 예외적으로 소문자로도 2차 텐서를 지칭하기도 한다. Gibbs 표기법은 과감하게 지수를 생략하고 의미상으로 표시하는 방법으로서 복잡한 수식을 간략화 시켜 표시할 수 있는 장점이 있는 반면에 수식을 유도하는 경우에는 어느 정도의 연습이 없이는 이해하기가 어려운 단점도 있다. 따라서 수식에 대한 두 가지 기본 표기법인 지수 표기법과 Gibbs 표기법에 대하여 적절한 수준의 실력을 갖추어야 하는 것이 연속체 역학을 보다 쉽게 이해할 수 있는 필수적인 요소가 된다. 이 책에서는 두 가지 표기법을 적절하게 혼용하여 경우에 따라 더 적합하다고 볼 수 있는 표기법을 사용하였다. 두 표기법의 혼용이 연속체 역학을 처음 접하는 독자들에게는 다소 불편함과 부담으로 다가올 수 있으나 다양한 표기로 표시되어 있는 문헌들을 읽고 이해하기 위해서는 불가피하므로 익숙해지도록 노력해야 한다.

2.2 스칼라, 벡터, 텐서

연속체 역학에서는 많은 수식과 미분 방정식이 등장하게 되며 또한 수식의 미분 또는 적분을 포함하는 다양한 연산이 수행된다. 일반적으로 텐서를 표시할 때는 텐서 그 자체를 의미하는 것 보다는 텐서의 성분을 드러나게 한다.

다음에 주어진 방정식의 좌변에 있는 지수와 우변에 있는 지수가 모두 i로 동일함을 볼 수 있으며 이때 지수 i는 겹쳐서 사용되지 않으므로 자유 지수(free index)라고 하며, 수식에서 자유 지수의 종류와 차수는 반드시 일치되어야 한다.

$$a_i+b_i=c_i \tag{2.2.1}$$

반면에 ϵ_{kk}의 지수 k와 같이 동일한 성분에서나 반복되거나, $\sigma_{ij}n_i$에서의 i와 같이 식에서 겹쳐서 사용되는 지수를 중복 지수(dummy index)라고 한다.

벡터 v의 성분 v_i에는 하나의 지수 i만 있으므로 벡터 v를 1차 텐서라고 부른다. 한편, 온도 T나 밀도 ρ 등의 스칼라는 지수가 없으므로 0차 텐서라고 한다. 텐서는 차수에 따라 구분되며 차수는 성분을 표시하는 지수의 개수로 결정

되며 텐서의 연산 중 덧셈과 뺄셈은 반드시 같은 차수의 텐서 간에만 가능하다. 2차 텐서인 응력은 9개의 성분을 갖는 물리량이며 σ_{ij}로 표시하며 다음과 같이 행렬로 표시할 수 있다.

$$[\sigma_{ij}] = \begin{bmatrix} \sigma_{11} & \sigma_{12} & \sigma_{13} \\ \sigma_{21} & \sigma_{22} & \sigma_{23} \\ \sigma_{31} & \sigma_{32} & \sigma_{33} \end{bmatrix} \tag{2.2.2}$$

여기서 주의해야 할 점은 행렬은 텐서가 아니며 단지 표기상의 간편함을 위해서 행렬로 표시하였다는 것을 인지해야 한다. 텐서는 차수에 따라 다른 수의 성분을 가지게 되는데 0차 텐서인 스칼라는 성분이 1개 밖에 존재하지 않는다. 벡터 또는 1차 텐서는 $3^1=3$개의 성분을 가지며, 2차 텐서인 응력은 모두 $3^2=9$개의 성분을 갖는다. 재료의 탄성계수로 사용되는 C_{ijkl}와 같은 텐서는 지수가 4개가 되는 4차 텐서이며 모두 $3^4=81$개의 성분을 가진다.

2.3 아인슈타인의 중복 지수 법칙

텐서의 연산 시에는 많은 지수들이 연관을 갖게 되는데 같은 지수가 중복되는 경우에는 아인슈타인이 제안한 중복 지수의 법칙을 적용할 수 있다. 중복 지수의 법칙이란 같은 지수가 반복되어 표기될 때 마치 합의 기호를 적용한 것처럼 연산할 수 있다는 것이다. 예를 들어 다음과 같은 연산에서는 지수 i가 중복지수이므로 합의 기호를 사용하여 각 항을 전개하면 다음과 같다.

$$a_i b_i = \sum_{i=1}^{3} a_i b_i = a_1 b_1 + a_2 b_2 + a_3 b_3 \tag{2.3.1}$$

다음 방정식에서는 i,j가 각각 중복지수가 된다.

$$w = \sigma_{ij}\epsilon_{ij} = \sum_{i=1}^{3}\sum_{j=1}^{3}\sigma_{ij}\epsilon_{ij} \tag{2.3.2}$$

다음과 같이 정의되는 연산을 2차 텐서의 대각합(trace)이라고 한다.

$$\sigma_{kk} = \sigma_{11} + \sigma_{22} + \sigma_{33} \tag{2.3.3}$$

또는 Gibbs 표기로 나타내면 다음과 같다.

$$tr(\sigma) = \sigma_{11} + \sigma_{22} + \sigma_{33} \tag{2.3.4}$$

2.4 Kronecker delta와 연산

Kronecker delta δ_{ij}는 다음과 같은 성질을 갖는 텐서이다.

$$\delta_{11} = 1, \quad \delta_{32} = 0, \quad \delta_{22} = 1, \quad \delta_{21} = 0 \tag{2.4.1}$$

또한 Kronecker delta는 연산에서 관련된 지수를 치환하는 역할을 하는데 이는 텐서 연산에 매우 중요하며 그 내용은 중복되는 지수가 있을 때 그 지수를 다른 지수(자유 지수)로 치환하는 것이다. 다음의 예에서 Kronecker delta의 지수에 대한 치환 과정을 볼 수 있다.

$$v_i\delta_{ij} = v_j \tag{2.4.2}$$

여기서 지수 i가 중복 지수이므로 δ_{ij}에서의 자유 지수 j로 치환되었다. 식(2.4.2)에서 좌변의 차수는 1+2=3이 되나, i가 중복 지수이므로 1회의 축약이 발생되어 전체 차수는 3-2=1이 됨을 알 수 있으며 우변의 지수와 동일한 종류와 차수를 가지므로 유효한 텐서식이 된다.

2.5 내적과 이중 점곱

텐서의 곱셈에서는 수행되는 곱의 종류에 따라서 명확한 정의가 필요하게 되는데 내적(inner product) 또는 점곱(dot prodcut), 외적(outer product), 그리고 텐서곱(tensor product)의 3가지 종류가 있다.

벡터 $\mathbf{a}=a_i\mathbf{e}_i$와 $\mathbf{b}=b_j\mathbf{e}_j$의 내적은 다음과 같이 표기 한다.

$$\mathbf{a} \cdot \mathbf{b} = (a_i \mathbf{e}_i) \cdot (b_j \mathbf{e}_j) = a_i b_j \mathbf{e}_i \cdot \mathbf{e}_j \qquad (2.5.1)$$

여기서 두 단위 벡터의 곱 $\mathbf{e}_i \cdot \mathbf{e}_j$은 Kronecker 텐서의 성질을 이용하여 다음과 같이 정의하여 사용한다.

$$\mathbf{e}_i \cdot \mathbf{e}_j = \delta_{ij} \qquad (2.5.2)$$

식(2.5.2)에서의 예는 다음과 같다.

$$\mathbf{e}_1 \cdot \mathbf{e}_1 = \delta_{11} = 1, \qquad \mathbf{e}_2 \cdot \mathbf{e}_1 = \delta_{21} = 0, \qquad \mathbf{e}_3 \cdot \mathbf{e}_3 = \delta_{33} = 1 \qquad (2.5.3)$$

따라서 식(2.5.1)에 식(2.5.2)의 결과를 대입하면 다음과 같은 결과를 얻게 되며 Kronecker delta의 지수 교환이 수행되었음을 알 수 있다.

$$\mathbf{a} \cdot \mathbf{b} = a_i b_j \delta_{ij} = a_i b_i \tag{2.5.4}$$

악하고 상호 변환하는데 익숙해져야 할 필요가 있다. 고차 텐서의 점곱도 위에서와 유사한 형태로 수행될 수 있다. 다음의 예에서는 2차 텐서 σ_{ij}와 1차 텐서 n_i의 점곱을 수행하고 있다.

$$\sigma_{ij} n_i = t_j \tag{2.5.5}$$

여기서 i는 중복 지수이며, j는 자유 지수로서 식의 양변에서 중복되지 않음을 알 수 있다. 또한 중복 지수의 법칙을 적용하여 식(2.5.5)는 다음과 같이 전개할 수 있다.

$$\sigma_{1j} n_1 + \sigma_{2j} n_2 + \sigma_{3j} n_3 = t_j \tag{2.5.6}$$

여기서 자유 지수 j는 지수 값에 따라서 독립적인 식을 만들어 내므로 식(2.5.5)가 의미하는 바는 다음과 같다.

$$\begin{aligned} \sigma_{11} n_1 + \sigma_{21} n_2 + \sigma_{31} n_3 &= t_1 \\ \sigma_{12} n_1 + \sigma_{22} n_2 + \sigma_{32} n_3 &= t_2 \\ \sigma_{13} n_1 + \sigma_{23} n_2 + \sigma_{33} n_3 &= t_3 \end{aligned} \tag{2.5.7}$$

지수 표기로 된 식을 Gibbs 표기로의 변환 또는 역으로의 변환은 텐서의 연산에서 매우 중요한 일이다. 식(2.5.7)을 Gibbs 표기로 바꾸면 다음과 같이 쓸 수 있다.

$$\mathbf{n} \cdot \boldsymbol{\sigma} = \mathbf{t} \tag{2.5.8}$$

여기서 식(2.5.7)과 비교하여 식(2.5.8)에서 벡터 **n**과 텐서 σ의 위치가 바뀌어 있음을 볼 수 있다. 그 이유는 식(2.5.8)의 좌변에서 가장 먼저 나오는 벡터 **n**은 일반적으로 지수로 사용되는 문자 중에서 가장 앞에 있는 i를 사용하여 n_i로 표기하는 것을 원칙으로 하고 있기 때문이다.

점곱은 몇 가지의 종류가 있으며 많이 사용되는 것 중에 이중 점곱(double-dot product)이 있으며 다음과 같이 정의된다.

$$\mathrm{A} : \mathrm{B} = A_{ij} B_{ij} \tag{2.5.9}$$

여기서 이중 점곱의 결과는 중복 지수 법칙에 따라 다음과 같이 전개하여 나타낼 수 있다.

$$\begin{aligned} \mathrm{A} : \mathrm{B} = \sum_{i,j=1}^{3} A_{ij} B_{ij} &= A_{11}B_{11} + A_{12}B_{12} + A_{13}B_{13} \\ &+ A_{21}B_{21} + A_{22}B_{22} + A_{23}B_{23} \\ &+ A_{31}B_{31} + A_{32}B_{32} + A_{33}B_{33} \end{aligned} \tag{2.5.10}$$

여기서 두 텐서 **A**와 **B**의 곱의 차수는 2+2=4가 되나 지수 i와 j에 대하여 두 번의 축약이 수행되어 4-2×2=0이 되므로 결과는 0차의 텐서, 즉 스칼라가 됨을 알 수 있다.

2.6 외적과 텐서곱

다양한 연산에서 많이 사용되는 순환 기호(permutation symbol)는 3개의 지수를 가지는 형태로 e_{ijk}와 같이 표기한다. 또한 각 지수의 값에 따라서 1,

-1, 0의 값을 갖는다. 지수의 값이 순방향으로 되는 경우는 1이 되며, 역방향인 경우는 -1, 그리고 순서가 없거나 중복되는 경우는 0의 값을 갖는다. 여기서 순방향은 123, 231, 312 등의 순서로서 ← 방향으로 한자리씩 밀리면서 자리가 바뀌며 진행되는 것을 의미하고, 역방향은 321, 132, 213 등을 말하며 → 방향으로 밀리며 지수의 자리가 바뀌는 형식이다. 순서가 없거나 중복인 경우는 112, 111, 332 등과 같은 경우를 의미한다. 다음에서 순환 기호에서의 무순, 순방향과 역방향에 대한 예를 보여준다.

$$e_{111} = 0, \qquad e_{123} = 1, \qquad e_{213 =} -1 \tag{2.6.1}$$

위에서 언급한 순환기호의 특성은 텐서의 곱에서 외적을 정의하는데 활용되는데 다음에서 벡터간의 외적과 2차 텐서의 행렬식에 대한 순환기호의 사용법을 설명하기로 한다.

두 벡터 $\mathbf{a}=a_i\mathbf{e}_i$와 $\mathbf{b}=b_j\mathbf{e}_j$에 대한 외적은 다음과 같이 정의된다.

$$\mathbf{a}\times\mathbf{b} = (a_i\mathbf{e}_i)\times(b_j\mathbf{e}_j) = a_ib_j\mathbf{e}_i\times\mathbf{e}_j \tag{2.6.2}$$

식(2.6.2)에서 두 단위 벡터 $\mathbf{e}_i$와 $\mathbf{e}_j$의 곱은 순환 기호 e_{ijk}를 도입함으로 다음과 같이 표시할 수 있다.

$$\mathbf{e}_i\times\mathbf{e}_j = e_{ijk}\mathbf{e}_k \tag{2.6.3}$$

식(2.6.3)을 식(2.6.2)에 대입하면 두 벡터의 외적은 다음과 같이 표시할 수 있다.

$$\mathbf{a}\times\mathbf{b} = a_ib_je_{ijk}\mathbf{e}_k \tag{2.6.4}$$

만일 두 벡터의 외적을 c=a×b와 같이 놓았다면 다음과 같이 쓰는 것이 가능하다.

$$c_k = e_{ijk} a_i b_j \qquad (2.6.5)$$

외적의 예로서 식(2.6.5)에서 한 성분 c_1을 계산하는 과정을 각 지수를 전개하여 다음과 같이 쓸 수 있다.

$$c_1 = e_{ij1} a_i b_j = e_{231} a_2 b_3 + e_{321} a_3 b_2 = a_2 b_3 - a_3 b_2 \qquad (2.6.6)$$

여기서 $e_{231}=1$, $e_{321}=-1$이 사용되었으며 나머지 성분에 대하여도 동일한 방법을 사용하여 계산할 수 있다. 한편, 2차 텐서의 요소 A_{ij}에 대한 행렬식 det(A_{ij})은 다음과 같이 순환기호를 사용하여 표시할 수 있다.

$$\det(A_{ij}) = e_{ijk} A_{1i} A_{2j} A_{3k} \qquad (2.6.7)$$

텐서곱은 앞에서 설명한 내적이나 외적과 다른 의미를 갖게 되며 하나의 텐서를 새로이 만드는 것과 같다. 텐서곱의 결과물은 곱해지는 텐서의 차수를 합한 것과 같게 된다. 예를 들어 단위 기저 벡터간의 텐서곱은 단위 텐서 I를 정의하는데 사용되며 다음과 같이 나타낼 수 있다.

$$\mathrm{I} = \mathrm{e_i} \otimes \mathrm{e_i} = \mathrm{e_1} \otimes \mathrm{e_1} + \mathrm{e_2} \otimes \mathrm{e_2} + \mathrm{e_3} \otimes \mathrm{e_3} \qquad (2.6.8)$$

여기서 ⊗는 텐서 곱의 연산을 나타내는 기호이며 문헌에 따라서는 생략하여 표시하기도 한다. 한편, 두 벡터 a=a_ie$_i$와 b=b_je$_j$의 텐서곱은 다음과 같이 주어진다.

$$\mathrm{a} \otimes \mathrm{b} = a_i \mathrm{e}_i \otimes b_j \mathrm{e}_j = a_i b_j \mathrm{e}_i \otimes \mathrm{e}_j \qquad (2.6.9)$$

이때 $e_i \otimes e_j$와 같이 정의되는 텐서를 dyad라고 하며 2차 텐서에서의 연산을 수행할 때 성분과 좌표에 대한 정보가 동시에 필요한 경우에 유용하게 사용될 수 있다. 예를 들어 응력은 2차 텐서이며 Cartesian 좌표에서 정의된 물리량으로 나타내기 위하여 $\sigma = \sigma_{ij} e_i \otimes e_j$와 같이 dyad $e_i \otimes e_j$와 응력 성분 σ_{ij}로 표시할 수 있다.

2.7 삼중 내적과 삼중 외적

삼중 내적과 외적은 그 이름이 의미하는 것과 같이 3개의 벡터가 곱을 이루는 형태를 갖는다. 다음과 같이 정의되는 세 벡터 a, b, c로 이루어지는 연산을 삼중 내적(triple scalar product)이라고 정의한다.

$$(a \times b) \cdot c = e_{ijk} a_j b_k c_i \qquad (2.7.1)$$

여기서 사용된 지수는 모두 중복 지수로서 삼중 내적의 결과는 스칼라가 되는 것을 알 수 있다. 즉, a×b의 결과는 $(e_{ijk} a_j b_k) = d_i$와 같이 놓을 수 있으며 이를 식(2.7.1)에 대입하면 다음과 같은 결과를 얻는다.

$$e_{ijk} a_j b_k c_i = d_i c_i \qquad (2.7.2)$$

여기서 i중복 지수가 되며 축약이 발생되어 (a×b)·c에서의 결과는 스칼라가 됨을 알 수 있다. 식(2.7.2)를 지수에 대하여 전개하면 다음과 같은 결과를 얻는다.

$$e_{ijk} a_j b_k c_i = (a_2 b_3 - a_3 b_2) c_1 + (a_3 b_1 - a_1 b_3) c_2 + (a_1 b_2 - a_2 b_1) c_3 \qquad (2.7.3)$$

한편, 삼중내적의 물리적 의미는 3개의 벡터 a,b,c로 구성되는 평행사변체의 체적과 동일하다.

순환 기호와 Kronecker delta는 텐서 연산에서 가장 널리 사용되는 요소이며 두 기호 관계식을 이용하여 더 다양한 공식과 수식의 유도가 가능해진다. 순환 기호 e_{ijk}와 Kronecker delta δ_{ij}에서 다음과 같은 관계가 성립되며 이는 지수에 대하여 전개함으로써 어렵지 않게 증명할 수 있다.

$$e_{ijk}e_{lmk} = \delta_{il}\delta_{jm} - \delta_{im}\delta_{jl} \tag{2.7.4}$$

다음 연산에서 식(2.7.4)의 활용 예를 살펴보기로 한다. 세 개의 다른 벡터 a,b,c의 삼중외적은 다음과 같이 정의한다.

$$\begin{aligned} \mathbf{a} \times (\mathbf{b} \times \mathbf{c}) &= a_i\mathbf{e}_i \times (b_j\mathbf{e}_j \times c_k\mathbf{e}_k) \\ &= a_i\mathbf{e}_i \times (e_{jkl}b_jc_k\mathbf{e}_l) \\ &= e_{ilm}e_{jkl}a_ib_jc_k\mathbf{e}_m \\ &= e_{mil}e_{jkl}a_ib_jc_k\mathbf{e}_m \end{aligned} \tag{2.7.5}$$

식(2.7.5)의 우변에서 식(2.7.4)에서의 관계식을 적용하면 다음과 같다.

$$\begin{aligned} e_{mil}e_{jkl}a_ib_jc_k\mathbf{e}_m &= (\delta_{mj}\delta_{ik} - \delta_{mk}\delta_{ij})a_ib_jc_k\mathbf{e}_m \\ &= (a_ic_ib_m - a_ib_ic_m)\mathbf{e}_m \end{aligned} \tag{2.7.6}$$

식(2.7.6)의 결과를 Gibbs 표기로 바꾸면 다음과 같은 결과를 얻게 된다.

$$\mathbf{a} \times (\mathbf{b} \times \mathbf{c}) = (\mathbf{a} \cdot \mathbf{c})\mathbf{b} - (\mathbf{a} \cdot \mathbf{b})\mathbf{c} \tag{2.7.7}$$

2.8 대칭 텐서와 비대칭 텐서

텐서 A의 전치(transpose)는 A^T와 같이 표기하고 다음과 같이 정의한다.

$$A_{ij}^{T} = A_{ji} \quad (2.8.1)$$

텐서 A의 성분을 행렬로 표시하면 다음과 같다.

$$[A_{ij}] = \begin{bmatrix} A_{11} & A_{12} & A_{13} \\ A_{21} & A_{22} & A_{23} \\ A_{31} & A_{32} & A_{33} \end{bmatrix} \quad (2.8.2)$$

전치 A^T는 행렬 요소의 행과 열을 바꾼 것이며 행렬로 표시하면 다음과 같다.

$$[A_{ij}]^{T} = \begin{bmatrix} A_{11} & A_{21} & A_{31} \\ A_{12} & A_{22} & A_{32} \\ A_{13} & A_{23} & A_{33} \end{bmatrix} \quad (2.8.3)$$

텐서 연산에서 전치를 표시할 때 지수 표기법과 Gibbs 표기법을 번갈아가며 사용하는 경우에는 지수의 위치에 유의해야 한다. 예를 들어 벡터 n과 2차 텐서 σ의 내적 $\mathbf{n}\cdot\sigma$을 지수로 표기하면 $n_i\sigma_{ij}$로 쓸 수 있다. 만일 어떤 이유로 $\sigma_{ij}n_i$를 표시하기를 원한다면 텐서 σ의 전치를 사용하여 $\sigma^T\cdot\mathbf{n}$와 같이 표시해야 한다.

텐서 A가 다음과 같은 관계를 만족할 때 이를 대칭 텐서(symmetric tensor)라고 한다.

$$\mathrm{A} = \mathrm{A}^{T} \quad (2.8.4)$$

또는

$$A_{ij} = A_{ji} \quad (2.8.5)$$

만일 텐서 A가 비대칭(skew-symmetric)이라면 다음과 같은 관계를 갖는다.

$$\mathrm{A} = -\mathrm{A}^{\mathrm{T}} \quad (2.8.6)$$

또는

$$A_{ij} = -A_{ji} \quad (2.8.7)$$

대칭과 비대칭의 성질을 이용하여 텐서 A는 다음과 같이 대칭과 비대칭 텐서의 합으로 표시할 수 있다.

$$\mathrm{A} = \mathrm{sym}(\mathrm{A}) + \mathrm{skew}(\mathrm{A}) \quad (2.8.8)$$

여기서

$$\begin{aligned} sym(\mathrm{A}) &= \frac{1}{2}(\mathrm{A} + \mathrm{A}^{\mathrm{T}}) \\ skew(\mathrm{A}) &= \frac{1}{2}(\mathrm{A} - \mathrm{A}^{\mathrm{T}}) \end{aligned} \quad (2.8.9)$$

또는

$$A_{ij} = \frac{1}{2}(A_{ij} + A_{ji}) + \frac{1}{2}(A_{ij} - A_{ji}) \quad (2.8.10)$$

텐서를 대칭인 부분과 비대칭인 부분으로 나누어서 표시하는 것은 이후에 나올 많은 물리적 양을 정의하고 복잡한 연산을 수행하는 데 있어서 도움이 되며 예를 들어 변형률, 회전, 변형 속도, 와류 등을 정의하는데 필수적인 개념이 된다.

연산에서 많이 사용되는 전치와 관련된 규칙을 정리해 보면 다음과 같다.

$$(A^T)^T = A \quad (2.8.11)$$

$$(A+B)^T = A^T + B^T \quad (2.8.12)$$

$$(AB)^T = B^T A^T \quad (2.8.13)$$

2.9 텐서의 역과 직교 텐서

텐서 A가 $\det(A) \neq 0$을 만족하면 역변환 가능한 텐서가 되며, A^{-1}를 텐서 A의 역텐서(inverse of tensor)라고 한다.

$$A \cdot A^{-1} = A^{-1} \cdot A = I \quad (2.9.1)$$

한편, 텐서 A가 $A^{-1}=A^T$의 관계가 되면 다음과 같은 관계를 만족시키며 이를 직교 텐서(orthogonal tensor)라고 정의한다.

$$A \cdot A^T = A^T \cdot A = I \quad (2.9.2)$$

연산에서 많이 사용되는 텐서의 역에 대한 성질은 다음과 같다.

$$(A^{-1})^{-1} = A \tag{2.9.3}$$

$$(A^{-1})^{T} = (A^{T})^{-1} \tag{2.9.4}$$

$$(AB)^{-1} = B^{-1}A^{-1} \tag{2.9.5}$$

2.10 텐서의 미분

벡터의 미적분에서 널리 쓰이는 미분 연산자 ∇는 텐서 연산에서도 동일하게 사용되며 연속체 역학의 방정식에서 흔히 발견할 수 있다. 미분 연산자는 기본적으로 좌표에 대한 미분으로서 스칼라, 벡터, 그리고 텐서에 대한 미분을 수행하며 1차 텐서이다.

미분 연산자는 Cartesian 좌표계에서 다음과 같이 정의된다.

$$\nabla = \frac{\partial}{\partial x_1}\mathrm{e}_1 + \frac{\partial}{\partial x_2}\mathrm{e}_2 + \frac{\partial}{\partial x_3}\mathrm{e}_3 = \frac{\partial}{\partial x_i}\mathrm{e}_i \tag{2.10.1}$$

벡터 함수 $\mathrm{v} = v_i \mathrm{e}_i$에 대한 구배는 다음과 같이 표시한다.

$$\nabla \mathrm{v} \tag{2.10.2}$$

여기서 벡터에 대한 좌표에 대한 미분이 수행되고 있으나 연산만을 생각하면 두 벡터 ∇와 v의 텐서곱이라고 볼 수 있으므로 식(2.10.2)를 다시 써보면 다음과 같다.

$$\nabla \mathbf{v} = \frac{\partial v_j}{\partial x_i}\mathbf{e}_i \otimes \mathbf{e}_j = v_{j,i}\mathbf{e}_i \otimes \mathbf{e}_j \qquad (2.10.3)$$

여기서 쉼표는 좌표에 대한 미분을 의미한다. 지수에 대하여 전개하면 다음과 같은 결과를 얻는다.

$$\begin{aligned}\nabla \mathbf{v} = &\frac{\partial v_1}{\partial x_1}\mathbf{e}_1 \otimes \mathbf{e}_1 + \frac{\partial v_2}{\partial x_1}\mathbf{e}_1 \otimes \mathbf{e}_2 + \frac{\partial v_3}{\partial x_1}\mathbf{e}_1 \otimes \mathbf{e}_3 \\ &+ \frac{\partial v_1}{\partial x_2}\mathbf{e}_2 \otimes \mathbf{e}_1 + \frac{\partial v_2}{\partial x_2}\mathbf{e}_2 \otimes \mathbf{e}_2 + \frac{\partial v_3}{\partial x_2}\mathbf{e}_2 \otimes \mathbf{e}_3 \\ &+ \frac{\partial v_1}{\partial x_3}\mathbf{e}_3 \otimes \mathbf{e}_1 + \frac{\partial v_2}{\partial x_3}\mathbf{e}_3 \otimes \mathbf{e}_2 + \frac{\partial v_3}{\partial x_3}\mathbf{e}_3 \otimes \mathbf{e}_3\end{aligned} \qquad (2.10.4)$$

식(2.10.3)으로부터 벡터의 좌표에 대한 미분은 $v_{j,i}$와 같이 쓸 수 있음을 알 수 있다. 지수의 알파벳 순서를 정할 때 유의해야 할 점은 항상 왼쪽으로부터 먼저 나오는 항에 대한 지수를 빠른 알파벳 순서로 배정하는 것이 원칙이다. 식(2.10.3)에서는 미분 연산자가 먼저 나오므로 지수 i를 배당하였고 벡터에는 그 다음 순서인 j를 지수로 하여 v_j와 같이 표시하였다. 문헌에 따라서는 미분 연산자에 대한 순서를 무시하고 $v_{i,j}$와 같이 표시하는 경우도 많으므로 주의해야 한다. 원칙적으로 말한다면 $v_{i,j}$에서는 벡터가 먼저 나오고 미분 연산자가 뒤에 나오는 것으로 이해할 수 있으므로 v∇와 같이 표시하거나 전치를 사용하여 $(\nabla \mathrm{v})^{\mathrm{T}}$와 같이 표기하는 것이 올바르다고 본다. 이러한 표기상의 문제는 문헌들마다 다른 경우가 많으므로 독자들의 특별한 유의를 요한다. 저자에 따라서는 미분 연산자에 의한 구배를 구체적으로 적시하여 grad v와 같이 표시하기도 하며 이러한 표기의 다양성은 사용자의 선호에 따라 결정된다.

스칼라 함수 ϕ의 좌표에 대한 미분은 다음과 같이 주어진다.

$$\nabla\phi = \frac{\partial\phi}{\partial x_i}\mathbf{e}_i = \frac{\partial\phi}{\partial \mathrm{x}_1}\mathbf{e}_1 + \frac{\partial\phi}{\partial \mathrm{x}_2}\mathbf{e}_2 + \frac{\partial\phi}{\partial \mathrm{x}_3}\mathbf{e}_3 \qquad (2.10.5)$$

또는 다음과 같이 지수를 사용하여 표시할 수 있다.

$$\frac{\partial\phi}{\partial x_i} = \phi_{,i} \qquad (2.10.6)$$

이번에는 미분 연산자와 벡터가 다음과 같이 내적을 수행하는 경우를 알아보기로 한다.

$$\nabla \bullet \mathrm{v} = \frac{\partial v_j}{\partial x_i}\mathbf{e}_i \bullet \mathbf{e}_j = v_{j,i}\delta_{ij} = v_{i,i} \qquad (2.10.7)$$

여기서 $\mathrm{e}_i \cdot \mathrm{e}_j = \delta_{ij}$이며 미분 연산자와 벡터가 내적 하는 경우를 보여주며 이를 발산(divergence)이라고 한다. 문헌에 따라서는 발산의 명칭을 그대로 표시하여 div v라고 표기하기도 한다. 식(2.10.7)에서 i는 중복 지수가 되어 중복 지수 법칙을 적용하면 다음과 같은 결과를 얻게 된다.

$$v_{i,i} = \frac{\partial v_i}{\partial x_i} = \frac{\partial v_1}{\partial x_1} + \frac{\partial v_2}{\partial x_2} + \frac{\partial v_3}{\partial x_3} \qquad (2.10.8)$$

2차 텐서 $\sigma = \sigma_{ij}\mathrm{e}_i \otimes \mathrm{e}_j$에 대한 발산은 다음과 같으며 차수는 1+2=3에서 내적에 대한 차수 감소 2만큼을 감한 1이 되어 결과는 1차 텐서가 된다.

$$\nabla \cdot \sigma = \frac{\partial \sigma_{ij}}{\partial x_i}(e_i \cdot e_i)e_j = \frac{\partial \sigma_{ij}}{\partial x_i}e_j = \frac{\partial \sigma_{1j}}{\partial x_1}e_j + \frac{\partial \sigma_{2j}}{\partial x_2}e_j + \frac{\partial \sigma_{3j}}{\partial x_3}e_j \quad (2.10.9)$$

여기서 $e_i \cdot e_i = 1$ 이다. 2차 텐서 $\sigma = \sigma_{ij} e_i \otimes e_j$에 대한 발산을 지수 표기법을 사용하여 표시하면 다음과 같다.

$$\frac{\partial \sigma_{ij}}{\partial x_i} = \sigma_{ij,i} \quad (2.10.10)$$

미분 연산자와의 외적을 회전(curl)이라 하며 다음과 같이 정의하며 curl v로 표시하기도 한다.

$$\nabla \times \mathrm{v} = e_{ijk}\frac{\partial v_k}{\partial x_j}\mathrm{e}_i = e_{ijk}v_{k,j}\mathrm{e}_i \quad (2.10.11)$$

식(2.10.11)을 지수로 전개하면 다음과 같은 결과를 얻는다.

$$\nabla \times \mathrm{v} = \left(\frac{\partial v_3}{\partial x_2} - \frac{\partial v_2}{\partial x_3}\right)\mathrm{e}_1 + \left(\frac{\partial v_1}{\partial x_3} - \frac{\partial v_3}{\partial x_1}\right)\mathrm{e}_2 + \left(\frac{\partial v_2}{\partial x_1} - \frac{\partial v_1}{\partial x_2}\right)\mathrm{e}_3 \quad (2.10.12)$$

Laplacian은 두 미분 연산자의 내적으로 정의되며 스칼라 함수 ϕ에 대한 Laplacian은 다음과 같이 주어진다.

$$\nabla^2 \phi = \frac{\partial^2 \phi}{\partial x_i \partial x_i} = \frac{\partial^2 \phi}{\partial x_1 \partial x_1} + \frac{\partial^2 \phi}{\partial x_2 \partial x_2} + \frac{\partial^2 \phi}{\partial x_3 \partial x_3} = \phi_{,ii} \quad (2.10.13)$$

여기서

$$\nabla \cdot \nabla = \frac{\partial^2}{\partial x_i \partial x_j} \mathbf{e}_i \cdot \mathbf{e}_j = \frac{\partial^2}{\partial x_i \partial x_j} \delta_{ij} = \frac{\partial^2}{\partial x_i \partial x_i} \qquad (2.10.14)$$

예제 2.1

위치 벡터 $\mathbf{x} = x_i \mathbf{e}_i$에 대한 발산이 다음과 같음을 보이시오.

$$\nabla \cdot \mathbf{x} = 3$$

발산을 고려하여 연산을 수행하면 다음과 같다.

$$\frac{\partial x_i}{\partial x_i} = \frac{\partial x_1}{\partial x_1} + \frac{\partial x_2}{\partial x_2} + \frac{\partial x_3}{\partial x_3} = 1 + 1 + 1 = 3$$

원통 좌표와 미분

원통 좌표(r, θ, z)에서도 직교 좌표와 유사한 방법으로 스칼라, 벡터, 그리고 텐서 장에 대한 미분 연산을 할 수 있다. 단, 여기서는 다양한 미분 연산에 대한 결과만 적어 놓았으며 상세한 유도과정에 관심이 있는 독자들은 다른 참고도서를 참고하기를 권한다. 스칼라 장 ϕ의 구배를 원통 좌표로 표시하면 다음과 같다. 여기서 $\mathbf{e}_r, \mathbf{e}_\theta, \mathbf{e}_z$는 원통 좌표계에서 직교하는 각 축에 대한 단위 벡터이다.

$$\nabla \phi = \frac{\partial \phi}{\partial r} \mathbf{e}_r + \frac{1}{r} \frac{\partial \phi}{\partial \theta} \mathbf{e}_\theta + \frac{\partial \phi}{\partial z} \mathbf{e}_z \qquad (2.10.15)$$

벡터 $\mathbf{v} = v_r \mathbf{e}_r + v_\theta \mathbf{e}_\theta + v_z \mathbf{e}_z$에 대한 구배는

$$\begin{aligned}\nabla \mathrm{v} &= \frac{\partial v_r}{\partial r}\mathrm{e}_r \otimes \mathrm{e}_r + \frac{1}{r}\left(v_r + \frac{\partial v_\theta}{\partial \theta}\right)\mathrm{e}_\theta \otimes \mathrm{e}_\theta + \frac{\partial v_z}{\partial z}\mathrm{e}_z \otimes \mathrm{e}_z \\ &+ \frac{1}{r}\frac{\partial v_z}{\partial \theta}\mathrm{e}_\theta \otimes \mathrm{e}_z + \frac{\partial v_\theta}{\partial z}\mathrm{e}_z \otimes \mathrm{e}_\theta + \frac{\partial v_r}{\partial z}\mathrm{e}_z \otimes \mathrm{e}_r \\ &+ \frac{\partial v_z}{\partial r}\mathrm{e}_r \otimes \mathrm{e}_z + \frac{\partial v_\theta}{\partial r}\mathrm{e}_r \otimes \mathrm{e}_\theta + \frac{1}{r}\left(\frac{\partial v_r}{\partial \theta} - v_\theta\right)\mathrm{e}_\theta \otimes \mathrm{e}_r\end{aligned} \tag{2.10.16}$$

벡터에 대한 발산은

$$\nabla \cdot \mathrm{v} = \frac{\partial v_r}{\partial r} + \frac{1}{r}\left(\frac{\partial v_\theta}{\partial \theta} + v_r\right) + \frac{\partial v_z}{\partial z} \tag{2.10.17}$$

2차 텐서 σ에 대한 발산은 다음과 같이 주어진다.

$$\begin{aligned}\nabla \cdot \sigma &= \left\{\frac{\partial \sigma_{rr}}{\partial r} + \frac{1}{r}\frac{\partial \sigma_{r\theta}}{\partial \theta} + \frac{\partial \sigma_{rz}}{\partial z} + \frac{1}{r}(\sigma_{rr} - \sigma_{\theta\theta})\right\}\mathrm{e}_\theta \\ &+ \left\{\frac{\partial \sigma_{r\theta}}{\partial r} + \frac{1}{r}\frac{\partial \sigma_{\theta\theta}}{\partial \theta} + \frac{\partial \sigma_{\theta z}}{\partial z} + \frac{2}{r}\sigma_{r\theta}\right\}\mathrm{e}_\theta \\ &+ \left\{\frac{\partial \sigma_{zr}}{\partial r} + \frac{1}{r}\frac{\partial \sigma_{z\theta}}{\partial \theta} + \frac{\partial \sigma_{zz}}{\partial z} + \frac{1}{r}\sigma_{zr}\right\}\mathrm{e}_\mathrm{z}\end{aligned} \tag{2.10.18}$$

벡터 v에 대한 회전은 다음과 같이 계산할 수 있다.

$$\begin{aligned}\nabla \times \mathrm{v} &= \frac{1}{r}\begin{vmatrix} \mathrm{e}_r & r\mathrm{e}_\theta & \mathrm{e}_z \\ \frac{\partial}{\partial r} & \frac{\partial}{\partial \theta} & \frac{\partial}{\partial z} \\ v_r & v_\theta & v_z \end{vmatrix} \\ &= \left(\frac{1}{r}\frac{\partial v_z}{\partial x_\theta} - \frac{\partial v_\theta}{\partial z}\right)\mathrm{e}_r + \left(\frac{\partial v_r}{\partial x_z} - \frac{\partial v_z}{\partial x_r}\right)\mathrm{e}_\theta + \left(\frac{\partial v_\theta}{\partial x_r} + \frac{v_\theta}{r} - \frac{\partial v_r}{\partial x_\theta}\right)\mathrm{e}_z\end{aligned} \tag{2.10.19}$$

스칼라 ϕ에 대한 Laplacian은 다음과 같이 주어진다.

$$\nabla^2\phi = \frac{\partial^2\phi}{\partial r^2} + \frac{1}{r}\frac{\partial\phi}{\partial r} + \frac{1}{r^2}\frac{\partial^2\phi}{\partial\theta^2} + \frac{\partial^2\phi}{\partial z^2} \tag{2.10.20}$$

원통 좌표로 표시한 벡터 장 v에 대한 Laplacian은 다음과 같다.

$$\begin{aligned}\nabla^2\mathbf{v} = &\left(\nabla^2 v_r - \frac{2}{r^2}\frac{\partial v_\theta}{\partial\theta} - \frac{1}{r^2}v_r\right)\mathbf{e}_r \\ &+\left(\nabla^2 v_\theta - \frac{2}{r^2}\frac{\partial v_r}{\partial\theta} - \frac{1}{r^2}v_\theta\right)\mathbf{e}_\theta + (\nabla^2 v_z)\mathbf{e}_z\end{aligned} \tag{2.10.21}$$

여기서

$$\nabla^2 = \frac{\partial^2}{\partial r^2} + \frac{1}{r}\frac{\partial}{\partial r} + \frac{1}{r^2}\frac{\partial^2}{\partial\theta^2} + \frac{\partial^2}{\partial z^2} \tag{2.10.22}$$

2.11 Gauss 정리

Gauss 정리 또는 발산 정리(divergence theorem)는 물리적 의미로는 임의의 체적에서의 함수의 발산과 표면에서의 유출량의 관계를 나타내게 된다.

스칼라 함수 ϕ에 대하여 다음과 같은 식이 성립한다.

$$\int_v \nabla\phi\, dv = \int_a \phi\, \mathbf{n}\, da \tag{2.11.1}$$

또는

$$\int_v \frac{\partial\phi}{\partial x_i}\, dv = \int_a \phi n_i\, da \tag{2.11.2}$$

$\mathbf{u}=\mathbf{u}(\mathbf{x})$가 벡터 함수라고 하면 다음과 같은 관계식이 성립된다.

$$\int_v \nabla \bullet \mathbf{u}\, dv = \int_a \mathbf{u} \bullet \mathbf{n}\, da \qquad (2.11.3)$$

또는

$$\int_v \frac{\partial u_i}{\partial x_i} dv = \int_a u_i n_i\, da \qquad (2.11.4)$$

2차 텐서 $\mathbf{A}$에 대하여도 위와 같은 방식의 적용이 가능하다.

$$\int_v \nabla \mathbf{A}\, dv = \int_a \mathbf{A} \otimes \mathbf{n}\, da \qquad (2.11.5)$$

또는

$$\int_v \frac{\partial A_{jk}}{\partial x_i} dv = \int_a A_{jk} n_i\, da \qquad (2.11.6)$$

2차 텐서 A의 발산에 대하여는 다음과 같이 적용할 수 있다.

$$\int_v \nabla \bullet \mathbf{A}\, dv = \int_a \mathbf{A} \bullet \mathbf{n}\, da \qquad (2.11.7)$$

또는

$$\int_v \frac{\partial A_{ij}}{\partial x_i} dv = \int_a A_{ij} n_i\, da \qquad (2.11.8)$$

연습문제

1 텐서의 차수는 무엇인가?

2 텐서의 연산에서 지수의 일치성이란 무엇인가?

3 중복 지수의 법칙은 무엇인가?

4 Kronecker delta는 어떤 성질을 가지고 있는가?

5 순환기호는 어떤 성질을 가지고 있는가?

6 내적, 외적, 그리고 텐서 곱은 각각 어떻게 정의되는가?

7 텐서의 대각합(trace)은 무엇인가?

8 대칭과 비대칭 텐서의 성질은 각각 무엇인가?

9 다음에 주어진 텐서 연산의 적합성에 대하여 답하되 적합하지 않은 표현이 있다면 이유를 설명하고 가능하다면 식이 성립될 수 있도록 수정하시오.

a) $x_i = u_i + c_j$

a) $A_{ijkl} = C_{ijkl} + \epsilon_{ijk}$

b) $\sigma_{jj} = \sigma_{ii} + \sigma_{kk}$

c) $f = ma_i$

d) $t_i = n_i \sigma_{ij}$

e) $x_i = Q_{ij} y_i$

f) $w_{ij} = \frac{1}{2} \sigma_{ij} \epsilon_{ij}$

10 다음 식이 성립됨을 보이시오.

a) $\delta_{mm} = 3$

b) $\delta_{ik}\delta_{kj} = \delta_{ij}$

c) $\delta_{ij}e_{ijk} = 0$

d) $e_{ijk}e_{ijk} = 6$

e) $e_{ijk}e_{ipq} = \delta_{jp}\delta_{iq} - \delta_{jq}\delta_{kp}$

f) $\epsilon_{ijk}v_j v_k = 0$

11 다음에 주어진 식을 지수에 대하여 전개하여 표시하시오.

a) $dx_i dx_i$

b) $r_j r_j$

c) $x_j x_j = r^2$

d) $t_j = n_i \sigma_{ij}$

e) $a_i a_j \sigma_{ij}$

f) $a_{ik} a_{jl} \sigma_{kl}$

12 뉴턴의 운동 방정식은 다음과 같이 주어진다.

$$\mathrm{f} = m\mathrm{a}$$

여기서 $\mathrm{f}=f_i\mathrm{e}_i$는 힘이며 m은 질량 그리고 $\mathrm{a}=a_i\mathrm{e}_i$는 가속도이다.

a) 뉴턴의 운동 방정식을 지수 표기로 고쳐 쓰시오.

b) 지수로 표시된 식을 전개하여 직교 Cartesian 좌표(x, y, z)로 표시된 식으로 나타내시오.

13 단위 텐서가 다음과 같이 표시될 수 있음을 보이시오.

$$\mathbf{I} = \delta_{ij}\mathbf{e}_i \otimes \mathbf{e}_j = \mathbf{e}_i \otimes \mathbf{e}_i$$

14 단위 텐서에 대한 대각합(trace)을 취하면 그 값이 다음과 같음을 보이시오. 단, $\mathbf{I}=\delta_{ij}\mathbf{e}_i \otimes \mathbf{e}_j$

$$\mathrm{tr}(\mathbf{I}) = 3$$

15 다음에 주어진 방정식이 반지름 r 인 구(sphere)를 의미함을 보이시오.

$$r = \sqrt{x_i x_i}$$

16 두 벡터 $\mathbf{x}=3\mathbf{e}_1-2\mathbf{e}_2+\mathbf{e}_3$와 $\mathbf{v}=-\mathbf{e}_1+4\mathbf{e}_2+3\mathbf{e}_3$에 대하여 다음의 연산을 수행하고 답을 구하시오.

a) $\mathbf{x} + \mathbf{v}$
b) $\mathbf{x} - \mathbf{v}$
c) $\mathbf{x} \cdot \mathbf{v}$
d) $\mathbf{x} \times \mathbf{v}$
e) $\mathbf{x} \otimes \mathbf{v}$

17 다음에 주어진 식들을 지수 표기법으로 바꾸어 표시하고, Cartesian 좌표로 전개하여 나타내시오. 단, $\sigma=\sigma_{ij}\mathbf{e}_i \otimes \mathbf{e}_j$, $\epsilon=\epsilon_{ij}\mathbf{e}_i \otimes \mathbf{e}_j$, $\mathbf{I}=\delta_{ij}\mathbf{e}_i \otimes \mathbf{e}_j$.

a) $\sigma = -p\mathbf{I}$

b) $\sigma = \lambda \mathrm{tr}(\epsilon)\mathbf{I} + 2\mu\epsilon$

c) $\epsilon = \dfrac{1}{2\mu}\sigma - \dfrac{1}{2\mu}\lambda \mathbf{I}\,\mathrm{tr}(\epsilon)$

18 비점성 유체에 대한 구성 방정식이 다음과 같이 주어질 때 2차 텐서 $\sigma=\sigma_{ij}\mathrm{e}_i\otimes\mathrm{e}_j$에 대한 대각합 $\mathrm{tr}(\sigma)$를 계산하시오. 단, p는 정수압(static pressure)이며 상수이다.

$$\sigma = -p\mathrm{I}$$

19 등방성 재료의 탄성 계수 또는 강성 계수 텐서 C는 4차 텐서로서 다음과 같이 지수 표기법으로 나타낼 수 있다. 탄성 계수 텐서 중 C_{1111}과 C_{1212}, C_{2312}를 표시하시오.

$$C_{ijkl} = \lambda\delta_{ij}\delta_{kl} + \mu(\delta_{ik}\delta_{jl} + \delta_{il}\delta_{jk})$$

20 다음에 주어진 구성 방정식에서 σ와 ϵ은 2차 텐서이며 λ와 μ는 스칼라이다. 단, $\sigma=\sigma_{ij}\mathrm{e}_i\otimes\mathrm{e}_j$, $\epsilon=\epsilon_{ij}\mathrm{e}_i\otimes\mathrm{e}_j$, $\mathrm{I}=\delta_{ij}\mathrm{e}_i\otimes\mathrm{e}_j$.

$$\sigma = \lambda\mathrm{tr}(\epsilon)\mathrm{I} + 2\mu\epsilon$$

a) 주어진 방정식을 지수 표기법을 사용하여 표시하시오.

b) 다음 식이 성립됨을 보이시오.

$$\mathrm{tr}(\sigma) = (3\lambda + 2\mu)\mathrm{tr}(\epsilon)$$

c) 다음 식이 성립됨을 보이시오.

$$\sigma : \epsilon = 2\mu\,\epsilon : \epsilon + \lambda\{\mathrm{tr}(\epsilon)\}^2$$

21 2차 텐서 σ가 다음과 같이 주어질 때 다음 질문에 답하시오,

$$[\sigma_{ij}] = \begin{bmatrix} -3 & 2 & 1 \\ 2 & 5 & -1 \\ 1 & -1 & 0 \end{bmatrix}$$

a) 대칭 부분 $sym(\sigma)$과 비대칭 부분 $skew(\sigma)$으로 나누어 표시하시오.

b) 텐서 σ에 대한 대각합 $\mathrm{tr}(\sigma)$을 구하시오.

c) 일탈 부분 σ^{dev}를 구하시오.

d) 일탈 부분에 대한 대각합이 $\mathrm{tr}(\sigma^{\mathrm{dev}})=0$이 되는지를 보이시오.

22 텐서 A를 대칭 부분과 비대칭 부분으로 나누어 표시하였을 때 비대칭 부분인 $skew$(A)가 다음과 같이 표시됨을 보이시오.

$$[skew(A)_{ij}] = \begin{bmatrix} 0 & A_{12} & A_{13} \\ -A_{12} & 0 & A_{23} \\ -A_{13} & -A_{23} & 0 \end{bmatrix}$$

23 다음과 같이 두 텐서 A와 B의 성분이 행렬로 주어질 때 제시된 관계식을 증명하시오.

$$[A_{ij}] = \begin{bmatrix} -3 & -2 & 4 \\ -2 & 1 & -1 \\ 4 & -1 & -1 \end{bmatrix} \qquad [B_{ij}] = \begin{bmatrix} 5 & -2 & 3 \\ -2 & 5 & 1 \\ 3 & 1 & 1 \end{bmatrix}$$

a) $(\mathrm{A}^{\mathrm{T}})^{\mathrm{T}} = \mathrm{A}$

b) $(\mathrm{AB})^{\mathrm{T}} = \mathrm{B}^{\mathrm{T}}\mathrm{A}^{\mathrm{T}}$

c) $(\mathrm{AB})^{-1} = \mathrm{B}^{-1}\mathrm{A}^{-1}$

24 다음은 연속체의 역학적 성질을 나타내는 구성 방정식이다.

$$\sigma = \mathrm{C} : \epsilon$$

여기서 σ는 응력이며 2차 텐서이고, C는 강성 계수 또는 탄성 계수이며 4차 텐서, 그리고 ϵ은 변형률을 나타내며 2차 텐서이다.

a) 위의 방정식을 다음과 같이 지수 표기로 나타낼 수 있음을 보이시오.

$$\sigma_{ij} = C_{ijkl}\epsilon_{kl}$$

b) 문제 a)에서의 식을 사용하여 구성 방정식의 한 성분 σ_{11}을 강성 계수 C와 변형률 ϵ의 항으로 표시하시오.

c) 문제 a)에서의 식을 사용하여 구성 방정식의 한 성분 σ_{12}을 강성 계수 C와 변형률 ϵ의 항으로 표시하시오.

25 지수 표기법을 사용하여 다음 식이 성립됨을 보이시오.

a) $\mathbf{a}\times(\mathbf{b}\times\mathbf{c}) = (\mathbf{a}\cdot\mathbf{c})\mathbf{b} - (\mathbf{a}\cdot\mathbf{b})\mathbf{c}$

b) $\mathbf{a}\times\mathbf{b}\cdot\mathbf{a} = 0$

26 위치 벡터 $\mathbf{x} = x_1\mathbf{e}_1 + x_2\mathbf{e}_2 + x_3\mathbf{e}_3$에 대하여 아래의 공식들이 성립됨을 보이시오. 단, $r = \sqrt{\mathbf{x}\cdot\mathbf{x}} = \sqrt{x_i x_i}$.

a) $\nabla r^2 = 2\mathbf{x}$

b) $\nabla r^n = n r^{n-2}\mathbf{x}$

c) $\nabla^2 r^n = n(n-1)r^{n-2}$

d) $\nabla f(r) = \dfrac{f'(r)}{r}\mathbf{x}$

e) $\nabla^2 f(r) = f''(r) + \dfrac{2f'(r)}{r}$

f) $\nabla \cdot (r^n \boldsymbol{x}) = (n+3)r^n$

27 다음 식이 성립됨을 보이시오. 단 $\phi(\mathrm{x})$는 스칼라 함수이다.

$$\nabla \times (\nabla\phi) = 0$$

28 다음 식이 성립됨을 보이시오. 단 $\mathrm{u}(\mathrm{x})$는 벡터 함수이다.

$$\nabla \cdot (\nabla \times \mathrm{u}) = 0$$

29 다음에 주어진 식을 지수 표기법으로 표시하고 등식이 성립됨을 보이시오.

a) $\nabla \times (\nabla \times \mathrm{v}) = \nabla(\nabla \cdot \mathrm{v}) - \nabla^2 \mathrm{v}$

b) $\mathrm{v} \times (\nabla \times \mathrm{v}) = \dfrac{1}{2}\nabla(\mathrm{v} \cdot \mathrm{v}) - (\mathrm{v} \cdot \nabla)\mathrm{v}$

30 다음에 주어진 식을 지수 표기법으로 표시하고 등식이 성립됨을 보이시오.

$$\nabla \cdot (\phi \mathrm{v}) = \phi \nabla \cdot \mathrm{v} + \mathrm{v} \cdot \nabla\phi$$

31 다음 식을 Cartesian 좌표로 전개하시오.

$$\sigma_{ij,j} = 0$$

32 $\mathbf{u} = 3x_1\mathbf{e}_1 + x_1x_2^3\mathbf{e}_2 + x_1^2x_2x_3\mathbf{e}_3$ 로 주어질 때 다음의 연산을 수행하시오.

a) $\nabla\mathbf{u}$　　b) $\nabla \cdot \mathbf{u}$　　c) $\nabla \times \mathbf{u}$

33 스칼라 장 $\phi(r)=1/r$에 대하여 다음 연산을 수행하시오. 단, $\mathbf{x}=x_1\mathbf{e}_1+x_2\mathbf{e}_2+x_3\mathbf{e}_3$ $r=\sqrt{\mathbf{x}\cdot\mathbf{x}}=\sqrt{x_ix_i}$.

a) $\nabla\phi$　　b) $\nabla^2\phi$

34 스칼라 함수 $\phi(\mathrm{X})=x_1^2+x_2^2+x_3$에 대하여 다음의 연산을 수행하시오. 단, $x_1=r\cos\theta$, $x_2=r\sin\theta$, $x_3=z$

a) $\nabla\phi$　　b) $\nabla^2\phi$

35 Gauss 적분 정리를 사용하여 다음 식이 성립됨을 보이시오.

$$\int_a \mathbf{x}\,\mathbf{n}\,da = V\mathbf{I}$$

여기서 x는 위치 벡터이며 n는 표면에 수직한 단위 벡터 그리고 V는 물체의 체적이다.

36 스칼라 함수 $\phi(\mathrm{X})$와 1차 텐서 $\mathrm{n}=n_i\mathrm{e}_i$를 고려하여 다음 질문에 답하시오.

a) 아래의 적분 식을 지수로 표기하고 Cartesian 좌표로 전개하시오.

$$\int_a \phi\,\mathrm{n}\;da$$

b) 다음에 주어진 적분 식을 지수로 표기하고 Cartesian 좌표로 전개하시오.

$$\int_v \nabla\phi\;dv$$

37 1차 텐서 $\mathrm{u}=u_i\mathrm{e}_i$와 1차 텐서 $\mathrm{n}=n_i\mathrm{e}_i$를 고려하여 다음 질문에 답하시오.

a) 아래의 적분 식을 지수로 표기하고 Cartesian 좌표로 전개하시오.

$$\int_a \mathrm{u}\bullet\mathrm{n}\;da$$

b) 다음에 주어진 적분 식을 지수로 표기하고 Cartesian 좌표로 전개하시오.

$$\int_v \nabla\bullet\mathrm{u}\;dv$$

38 2차 텐서 $\sigma=\sigma_{ij}\mathbf{e}_i\otimes\mathbf{e}_j$와 1차 텐서 $n=n_ie_i$를 사용하여 다음 질문에 답하시오.

a) 아래의 적분 식을 지수로 표기하고 Cartesian 좌표로 전개하시오.

$$\int_a \sigma \bullet \mathrm{n}\ da$$

b) 다음에 주어진 적분 식을 지수로 표기하고 Cartesian 좌표로 전개하시오.

$$\int_v \nabla \bullet \sigma\ dv$$

제3장 운동학(Kinematics)

3.1 변형과 운동학

3.2 변형률과 신장

3.3 변위와 변형률

3.4 원통 좌표와 변형률-변위 및 변위 구배

3.5 물질 좌표와 공간 좌표

3.6 유동과 좌표 표기법

3.7 물질 시간 미분

3.8 속도와 가속도

3.9 변형의 속도

3.1 변형과 운동학

연속체는 외부의 영향에 의하여 운동(motion)을 하게 되며 이를 다루는 학문을 운동학(kinematics)이라고 한다. 물체의 운동뿐만 아니라 다양한 변형(deformation)도 관찰할 수 있는데, 막대기의 신장으로부터 동력 축의 비틀림, 하중을 받는 대형 크레인의 변형과 운동, 복잡한 구조물이나 기계의 변형까지 연속체의 변형은 다양한 형태를 지니며 이를 정확하게 표현하기 위해서는 수학적으로 뿐만 아니라 현상학적으로도 정확한 변형과 운동의 정의가 필요하다. 연속체내에 설정된 임의의 질점은 운동 시에 초기 상태에서 시작하여 연속적으로 이동하여 임의의 시간까지의 위치에 대한 정보를 제공한다. 운동학에서의 다루는 질점의 움직임은 고체나 유체 혹은 기체에 무관하게 질점의 운동을 다루는 것이기 때문에 재료의 성질과 직접적인 관련은 없다. 그러나 변형에 대한 내용을 다루기 위해서는 재료에 따라 적합한 역학적 성질을 수학적으로 모델링한 구성 방정식을 반드시 고려해야한다.

연속체의 운동과 변형은 강체 운동으로 인한 변화와 변형에 의한 변화로 나누어 질 수 있다. 강체 운동은 이동(translation)과 회전(rotation)으로 이루어져 있으며 모든 질점의 이동이 균일하게 되므로 형상의 변화나 크기의 변화가 없는 결과를 보여주게 된다. 반면, 변형은 질점의 운동에 따라 연속체의 형상과 크기가 변하게 되는 특성을 갖는다. 변형과 강체 운동 모두 질점의 위치 변화를 대변하는 변위(displacement)와 관련을 갖는다. 만일 질점의 위치 변화가 미소하다고 가정할 수 있다면 그 운동은 변위에 대한 선형 방정식으로 규정될 수 있기 때문에 미소 변형 이론(infinitesimal deformation theory)을 적용할 수 있다. 그러나 변위가 상대적으로 큰 경우는 더 이상 미소한 변위를 기초로 한 이론은 적용할 수 없게 되므로 유한 크기의 변위에 대한 이론이 필요하게 되며 이를 유한 변형 이론(finite deformation theory)이라고 하며 미소 변형의 경우와 달리 변형률에 대한 정의가 수정되어야 한다.

연속체의 운동은 시간의 흐름에 따라 연속적으로 일어나게 되므로 일정한 시간 간격에 대하여 질점의 위치 변화의 관점에서 접근하는 것이 더 편리하다. 연속체 역학에서 고체의 변형과 운동이나, 유체에서의 유동을 설명하기 위해서는 질점의 움직임을 시간과 위치에 따라 정확하게 정의할 수 있는 방법과 수단들이 필요하다. 초기 상태와 현재 상태를 고려한 방정식을 구성하는 데는 두 가지 방법이 있는데 하나는 기준 좌표를 중심으로 한 물질 표기(material description)이며 다른 하나는 현재 상태를 기준으로 하는 공간 표기(spatial description)가 있다.

3.2 변형률과 신장

변형은 연속체에 속한 임의의 질점을 기준으로 하여 처음과 나중의 상태를 비교하여 보는 것이 주 관점이며 형상과 크기의 변화를 동반한다. 막대기의 양 끝을 잡고 바깥쪽으로 힘을 가하면 길이 방향으로 변형하게 되며 처음의 길이를 l_0 나중의 길이를 l이라고 하면 변형량 Δl은 다음과 같이 정의된다.

$$\Delta l = l - l_0 \tag{3.2.1}$$

공학에서는 주로 변형량 자체보다 변형량 Δl과 처음 길이 l_0의 비를 다음과 같이 정의하여 사용하며 이를 변형률(strain)이라고 한다.

$$\epsilon = \frac{\Delta l}{l_0} = \frac{l - l_0}{l_0} \tag{3.2.2}$$

식(3.2.2)는 공학 분야에서 일반적으로 사용되는 변형률을 정의한 것이며 처음 길이 l_0에 대한 길이 변화를 비로 나타낸 것이다. 여기서 유의해야 할 점은 변형률의 정의는 유일하지 않다는 것이다. 변형률은 식(3.2.2)에서 보는 바와 같이 정의할 수도 있고 다음과 같이 변형률을 처음 길이가 아닌 나중 길이 l을 기준으로 나타낼 수도 있다.

$$\epsilon^* = \frac{\Delta l}{l} = \frac{l - l_0}{l} \tag{3.2.3}$$

이러한 차이는 관찰자의 관점의 차이인데 처음 길이를 기준으로 생각하는 방식과 나중 길이를 기준으로 고려하는 것으로 설명할 수 있으며 계산해 보면 두 변형률의 값은 다르다. 그 외에도 정의에 따라 다양한 종류의 변형률이 존재한다.

변환 후의 길이 l과 변환 전의 길이 l_0의 비는 신장(stretch) 또는 신장비(stretch ratio) λ라고 하며 다음과 같다.

$$\lambda = \frac{l}{l_0} \tag{3.2.4}$$

신장 λ는 식(3.2.2)에서 정의한 공칭 변형률 ϵ과는 다음과 같은 관계를 갖는다.

$$\epsilon = \frac{l - l_0}{l_0} = \frac{l}{l_0} - 1 = \lambda - 1 \tag{3.2.5}$$

또는

$$\lambda = 1 + \epsilon \tag{3.2.6}$$

여기서 물체가 인장 되었을 때는 $\lambda>1$의 값을 가지며 반대로 수축의 경우에는 $\lambda<1$이 된다.

3.3 변위와 변형률

연속체의 변형은 운동의 전후에 전체 질점에 대한 상대적인 위치의 변화가 있을 때 성립된다. 초기 상태에서의 질점간의 거리와 운동 후의 거리가 동일할 때는 강체 운동이라 고한다. 변형을 설명하기 위해서는 연속체 내의 임의의 질점을 고려하여 미소 체적 요소(infinitesimal volume element)나 미소 선요소(infinitesimal line element) 등을 가정하는 것이 편리하므로 특별한 언급이 없으면 체적 요소나 선 요소는 미소 크기에 해당하는 것임을 유의한다. 변형의 내용은 미소 체적 요소 또는 미소 선 요소의 길이가 변화하는 경우와 미소 체적 요소 또는 미소 선 요소가 회전하는 경우로 나누어 생각할 수 있다. 첫 번째 경우는 수직 변형률(normal strain)을 정의하는데 사용되며, 두 번째 경우는 전단 변형률(shear strain)을 구하는데 사용된다.

그림 3-1에서 보는 바와 같이 연속체의 변형 전의 형상 B_0에 속한 임의의 질점 P의 좌표를 (x, y, z)라 하고 x축 방향으로 Δx만큼 떨어져 있는 또 하나의 질점 Q를 고려하면 그 좌표는 $(x+\Delta x, y, z)$로 주어지므로 점 P와 Q의 거리 $\overline{PQ}$는 Δx이다. 변형 후의 형상 B에서의 두 질점 P'와 Q'는 초기 상태의 두 질점 P와 Q에 각각 대응한다. 연속체에 외부의 힘이 가해져서 x축의 양의 방향으로 미소 변위만큼 변형되었다고 가정한다. 점 P와 점 P'사이의 변위를 $u(x, y, z)$라 하면 점 Q와 점 Q'의 변위는 $u(x+\Delta x, y, z)$가 된다. 변형에 의한 변형량은 변형 전과 변형 후의 변위의 변화 Δu이므로 다음과 같이 계산할 수 있다.

$$\Delta u = u(x+\Delta x, y, z) - u(x, y, z) = \frac{\partial u}{\partial x}\Delta x \qquad (3.3.1)$$

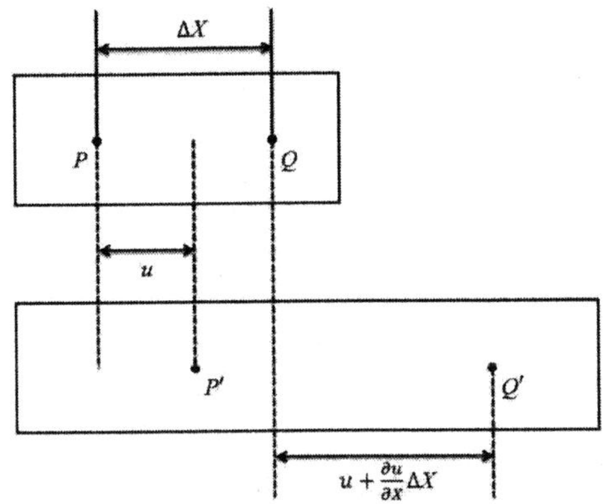

그림 3-1 미소 변위와 변형률의 정의

여기서 $u(x+\Delta x, y, z)$에 대하여 Taylor 급수로 전개한 결과는 다음과 같이 2차 미분 이상은 무시하였다.

$$u(x+\Delta x, y, z) = u(x, y, z) + \frac{\partial u}{\partial x}\Delta x + \frac{\partial^2 u}{\partial x^2}(\Delta x)^2 + \ldots\ldots \qquad (3.3.2)$$

x축 방향으로의 수직 변형률은 변형량/원래길이로 정의되므로 변형량 Δu를 원래 길이인 Δx로 나누면 되므로 식(3.3.1)로부터 다음과 같이 주어진다.

$$\epsilon_{xx} = \frac{\Delta u}{\Delta x} = \frac{\frac{\partial u}{\partial x}\Delta x}{\Delta x} = \frac{\partial u}{\partial x} \qquad (3.3.3)$$

결과적으로 수직 변형률의 계산은 다음과 같이 두 점 P와 Q의 변위를 통하여 정의되고 계산될 수 있다.

$$\epsilon = \frac{\overline{P'Q'} - \overline{PQ}}{\overline{PQ}} \qquad (3.3.4)$$

여기서 $\overline{P'Q'}-\overline{PQ}= \Delta u$이며 $\overline{PQ}= \Delta x$이다. y축, z축에 대해서도 같은 방법으로 수직 변형률을 계산할 수 있으며 다음과 같이 주어진다.

$$\epsilon_{yy} = \frac{\partial v}{\partial y}, \qquad \epsilon_{zz} = \frac{\partial w}{\partial z} \tag{3.3.5}$$

여기서 v, w는 각각 y축과 z축 방향으로의 변위이다.

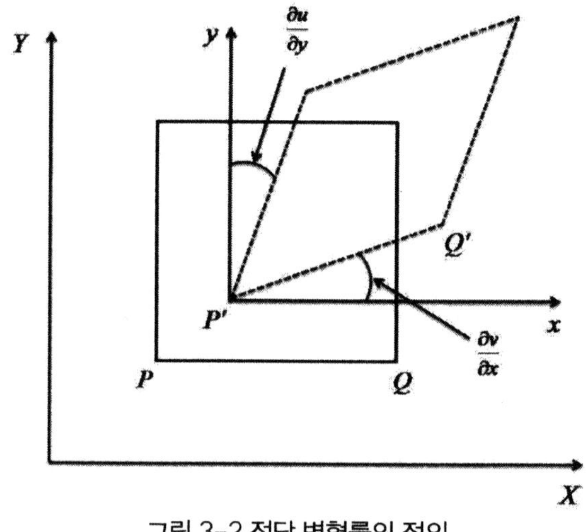

그림 3-2 전단 변형률의 정의

그림 3-2에서는 변형이 된 후의 미소 요소의 한 변이 x축과 이루는 각도는 θ_x로서 양의 값을 가지며, y축과 이루는 각도를 θ_y라 하며 역시 양의 값을 가진다. 부호의 결정은 미소 요소의 직각인 모서리의 각도를 줄이는 쪽을 양의 방향으로 정한다. 그림을 참조하여 각도에 대한 tan값은 다음과 같이 변위의 구배로 나타낼 수 있다.

$$\tan\theta_x = \frac{\partial v}{\partial x}, \qquad \tan\theta_y = \frac{\partial u}{\partial y} \tag{3.3.6}$$

여기서 두 각도의 값이 매우 작은 값이라면 즉, $\theta_x \ll 1$, $\theta_y \ll 1$일 때 $\tan\theta_x \simeq \theta_x$, $\tan\theta_y \simeq \theta_y$로 놓을 수 있으므로 식(3.3.6)은 다음과 같이 주어진다.

$$\theta_x = \frac{\partial v}{\partial x}, \qquad \theta_y = \frac{\partial u}{\partial y} \tag{3.3.7}$$

전단 변형률 γ_{xy}는 변형 후의 미소 요소의 두 변이 x, y축과 이루는 두 각 θ_x와 θ_y의 합으로 $\gamma_{xy}=\theta_x+\theta_y$와 같이 정의한다. 식(3.3.7)의 변위 구배와의 관계식을 사용하면 전단 변형률은 다음과 같이 표시할 수 있다.

$$\gamma_{xy} = \frac{\partial u}{\partial y} + \frac{\partial v}{\partial x} \tag{3.3.8}$$

전단 변형률의 다른 성분들에 대하여도 위에서와 같은 방법을 적용하여 얻을 수 있다. 결론적으로 변형이 미소하다고 가정하였을 때 변형률과 변위의 관계식은 다음과 같이 주어진다.

$$\begin{aligned}
\epsilon_x &= \frac{\partial u}{\partial x} \\
\epsilon_y &= \frac{\partial v}{\partial y} \\
\epsilon_z &= \frac{\partial w}{\partial z} \\
\gamma_{xy} &= \frac{\partial u}{\partial y} + \frac{\partial v}{\partial x} \\
\gamma_{yz} &= \frac{\partial v}{\partial z} + \frac{\partial w}{\partial y} \\
\gamma_{xz} &= \frac{\partial u}{\partial z} + \frac{\partial w}{\partial x}
\end{aligned} \tag{3.3.9}$$

여기서 $\epsilon_x, \epsilon_y, \epsilon_z$는 각 좌표축 방향에서의 수직 변형률(normal strain)이며, $\gamma_{xy}, \gamma_{yz}, \gamma_{zx}$는 공칭 전단 변형률(engineering shear strain)이며 텐서로 표시하는 표기와 다르게 되어 약간의 혼란을 주기도 하는데 텐서로 표시한 변형률은 다음과 같다.

$$
\begin{aligned}
\epsilon_{11} &= \frac{\partial u_1}{\partial x_1} \\
\epsilon_{22} &= \frac{\partial u_2}{\partial x_2} \\
\epsilon_{33} &= \frac{\partial u_3}{\partial x_3} \\
\epsilon_{12} &= \frac{1}{2}\left(\frac{\partial u_1}{\partial x_2} + \frac{\partial u_2}{\partial x_1}\right) \\
\epsilon_{23} &= \frac{1}{2}\left(\frac{\partial u_2}{\partial x_3} + \frac{\partial u_3}{\partial x_2}\right) \\
\epsilon_{31} &= \frac{1}{2}\left(\frac{\partial u_3}{\partial x_1} + \frac{\partial u_1}{\partial x_3}\right)
\end{aligned}
\tag{3.3.10}
$$

식(3.3.9)와 식(3.3.10)을 비교하면 전단 변형률에서 1/2의 계수가 다름을 알 수 있다. 변형률 ϵ은 텐서 형식을 사용하면 텐서의 성질을 유지하게 되어 텐서 연산으로 필요한 수식 등을 유도할 수 있지만 공칭 전단 변형률 $\gamma_{xy}, \gamma_{yz}, \gamma_{xz}$ 등을 사용하면 텐서의 성질을 잃게 되어 텐서 연산을 수행할 수 없다. 그럼에도 불구하고 공칭 변형률이 사용되고 있는 것은 오랜 관습에 따른 것이다. 식(3.3.10)은 Gibbs 표기로는 다음과 같이 표기할 수 있다.

$$
\epsilon = \frac{1}{2}\{(\nabla \mathrm{u})^{\mathrm{T}} + \nabla \mathrm{u}\} \tag{3.3.11}
$$

또는 지수 표기법으로 표시된 변형률 텐서의 성분은 다음과 같이 주어진다.

$$\epsilon_{ij} = \frac{1}{2}\left(\frac{\partial u_i}{\partial x_j} + \frac{\partial u_j}{\partial x_i}\right) \tag{3.3.12}$$

식(3.3.12)에시의 변위에 대한 구배 $\partial u_i / \partial x_j$또는 $(\nabla \mathbf{u})^{\mathrm{T}}$는 2차 텐서이므로 식(2.8.10)을 참조하여 대칭 부분과 비대칭 부분으로 나누어 다음과 같이 표시할 수 있다.

$$(\nabla \mathbf{u})^{\mathrm{T}} = \frac{1}{2}\{(\nabla \mathbf{u})^{\mathrm{T}} + \nabla \mathbf{u}\} + \frac{1}{2}\{(\nabla \mathbf{u})^{\mathrm{T}} - \nabla \mathbf{u}\} \tag{3.3.13}$$

또는

$$\frac{\partial u_i}{\partial x_j} = \frac{1}{2}\left(\frac{\partial u_i}{\partial x_j} + \frac{\partial u_j}{\partial x_i}\right) + \frac{1}{2}\left(\frac{\partial u_i}{\partial x_j} - \frac{\partial u_j}{\partial x_i}\right) \tag{3.3.14}$$

한편 변위의 구배는 다음과 같이 변형률과 회전의 두 부분으로 나눌 수 있다.

$$(\nabla \mathbf{u})^{\mathrm{T}} = \boldsymbol{\epsilon} + \mathbf{w} \tag{3.3.15}$$

여기서 $\boldsymbol{\epsilon}$는 변형률이며 대칭 텐서이며, w는 비대칭 텐서로서 미소 회전(infinitesimal rotation)이라고 하며 다음과 같이 정의한다.

$$\mathbf{w} = \frac{1}{2}\{(\nabla \mathbf{u})^{\mathrm{T}} - \nabla \mathbf{u}\} \tag{3.3.16}$$

또는

$$w_{ij} = \frac{1}{2}\left(\frac{\partial u_i}{\partial x_j} - \frac{\partial u_j}{\partial x_i}\right) \tag{3.3.17}$$

결론적으로 변위에 대한 구배 $(\nabla \mathbf{u})^T$는 대칭 텐서인 변형률 텐서 ϵ와 비대칭 텐서인 회전 텐서 $\mathbf{w}$의 합으로 구성된다.

식(3.3.9)에서 볼 수 있는 바와 같이 변형률은 수직 변형률 $\epsilon_x, \epsilon_y, \epsilon_z$과 전단 변형률 $\gamma_{xy}, \gamma_{yz}, \gamma_{zx}$을 합해서 모두 6개의 요소를 가지고 있는 데 비해 변위는 u, v, w의 3개 요소밖에 없다. 만일 변위에 대한 해가 주어진다면 이를 사용하여 변형률을 계산하는 것은 어렵지 않다. 반대로 변형률이 조건으로 주어진 경우에는 변위를 계산하는 것은 문제가 되는데 그 이유는 변형률의 개수와 변위의 개수가 맞지 않기 때문이다. 예를 들어 6개의 변형률을 가지고 3개의 변위를 구하는 것은 유일한 해를 얻기가 불가능하다. 그러므로 해의 유일성을 확보하기 위하여서는 추가로 3개의 방정식이 더 필요하게 된다. 식(3.3.9)의 첫 번째 방정식을 y에 대하여 두 번 미분하고 두 번째 방정식을 x로 두 번 미분한 후 두 식을 합하면 다음과 같은 식을 얻게 된다.

$$\frac{\partial^2 \epsilon_{xx}}{\partial y^2} + \frac{\partial^2 \epsilon_{yy}}{\partial x^2} = \frac{\partial^3 u}{\partial y^2 \partial x} + \frac{\partial^3 v}{\partial x^2 \partial y} \tag{3.3.18}$$

이번에는 식(3.3.9)의 네 번째 항을 각각 x와 y에 대하여 한 번씩 미분하면 다음과 같은 결과를 얻는다.

$$\frac{\partial^2 \gamma_{xy}}{\partial x \partial y} = \frac{\partial^2}{\partial x \partial y}\left(\frac{\partial u}{\partial y} + \frac{\partial v}{\partial x}\right) \tag{3.3.19}$$

식(3.3.19)와 식(3.3.18)에서 다음과 같은 방정식을 얻는다.

$$\frac{\partial^2 \epsilon_{xx}}{\partial y^2} + \frac{\partial^2 \epsilon_{yy}}{\partial x^2} = \frac{\partial^2 \gamma_{xy}}{\partial x \partial y} \tag{3.3.20}$$

위에서와 유사한 방식으로 다른 변형률에 대하여서도 관계식을 얻게 되며 정리하면 다음과 같은 6개의 방정식을 얻게 되며 이를 적합 방정식(compatibility equations)이라고 한다.

$$
\begin{aligned}
&\frac{\partial^2 \epsilon_{xx}}{\partial y^2} + \frac{\partial^2 \epsilon_{yy}}{\partial x^2} = \frac{\partial^2 \gamma_{xy}}{\partial x \partial y} \\
&\frac{\partial^2 \epsilon_{yy}}{\partial z^2} + \frac{\partial^2 \epsilon_{zz}}{\partial x^2} = \frac{\partial^2 \gamma_{yz}}{\partial y \partial z} \\
&\frac{\partial^2 \epsilon_{zz}}{\partial x^2} + \frac{\partial^2 \epsilon_{xx}}{\partial z^2} = \frac{\partial^2 \gamma_{zx}}{\partial z \partial x} \\
&\frac{\partial}{\partial x}\left(-\frac{\partial \epsilon_{yz}}{\partial x} + \frac{\partial \epsilon_{zx}}{\partial y} + \frac{\partial \epsilon_{xy}}{\partial z}\right) = \frac{\partial^2 \epsilon_{xx}}{\partial y \partial z} \\
&\frac{\partial}{\partial y}\left(\frac{\partial \epsilon_{yz}}{\partial x} - \frac{\partial \epsilon_{zx}}{\partial y} + \frac{\partial \epsilon_{xy}}{\partial z}\right) = \frac{\partial^2 \epsilon_{yy}}{\partial z \partial x} \\
&\frac{\partial}{\partial z}\left(\frac{\partial \epsilon_{yz}}{\partial x} + \frac{\partial \epsilon_{zx}}{\partial y} - \frac{\partial \epsilon_{xy}}{\partial z}\right) = \frac{\partial^2 \epsilon_{zz}}{\partial x \partial y}
\end{aligned}
\tag{3.3.21}
$$

위의 6개 방정식은 서로 독립적이지 않으며 3개 고차 미분 방정식으로 줄여서 표현할 수도 있으나 일반적으로 저차의 미분 방정식이 선호되는 관계로 6개의 2차 미분 방정식으로 표시하였다.

3.4 원통 좌표와 변형률-변위 및 변위 구배

변위-변형률 관계식을 원통 좌표 (r, θ, z)로 표시하면 다음과 같다. 여기서 각 축 방향의 변위는 u_r, u_θ, u_z로 한다.

$$\begin{aligned}
\epsilon_{rr} &= \frac{\partial u_r}{\partial r} \\
\epsilon_{\theta\theta} &= \frac{1}{r}\left(\frac{\partial u_\theta}{\partial \theta} + u_r\right) \\
\epsilon_{zz} &= \frac{\partial u_z}{\partial z} \\
\epsilon_{r\theta} &= \frac{1}{2}\left(\frac{1}{r}\frac{\partial u_r}{\partial \theta} + \frac{\partial u_\theta}{\partial r} - \frac{u_\theta}{r}\right) \\
\epsilon_{\theta z} &= \frac{1}{2}\left(\frac{\partial u_\theta}{\partial z} + \frac{1}{r}\frac{\partial u_z}{\partial \theta}\right) \\
\epsilon_{rz} &= \frac{1}{2}\left(\frac{\partial u_r}{\partial z} + \frac{\partial u_z}{\partial r}\right)
\end{aligned} \tag{3.4.1}$$

변위 구배 $\nabla \mathrm{u}$의 원통 좌표로의 표기는 다음과 같다.

$$\begin{aligned}
\nabla \mathrm{u} \; &= \frac{\partial u_r}{\partial r}\mathrm{e_r}\otimes\mathrm{e_r} + \frac{1}{\mathrm{r}}\left(\mathrm{u_r} + \frac{\partial \mathrm{u}_\theta}{\partial \theta}\right)\mathrm{e}_\theta\otimes\mathrm{e}_\theta + \frac{\partial \mathrm{u_z}}{\partial \mathrm{z}}\mathrm{e_z}\otimes\mathrm{e_z} \\
&+ \frac{1}{r}\frac{\partial u_z}{\partial \theta}\mathrm{e}_\theta\otimes\mathrm{e_z} + \frac{\partial \mathrm{u}_\theta}{\partial \mathrm{z}}\mathrm{e_z}\otimes\mathrm{e}_\theta + \frac{\partial \mathrm{u_r}}{\partial \mathrm{z}}\mathrm{e_z}\otimes\mathrm{e_r}
\end{aligned} \tag{3.4.2}$$

3.5 물질 좌표와 공간 좌표

변형이나 운동으로 인한 물체의 형상은 변하게 되고 초기 상태와 현재 상태를 비교하여 그 변형의 성격과 내용을 규명하는 것이 운동학의 주제가 된다. 운동이나 변형이 일어났을 때 질점의 위치가 초기 위치와 비교해서 상대적으로 큰 경우는 관점의 차이를 고려해야만 한다. 여기서 의미하는 관점이란 두 가지로 나누어 설명할 수 있는데 첫 번째 관점은 특정한 질점을 따라 관찰자가 함께 이동하면서 연속적으로 변하는 물리량을 나타내는 방식으로서 Lagrange 표기라고 한다. 반면에 Euler 표기법은 특정한 지점을 정하고 그 지점에서의 물리량의 변화를 나타내는 방법이다. 두 관점의 차이는 연속체 역학에서 다양하게 응용되고 있으므로 다음에서 보다 상세하게 설명하고자 한다.

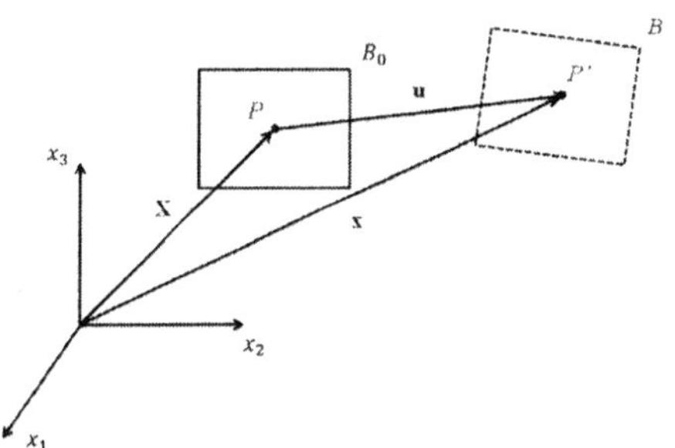

그림 3-3 변형 전과 변형 후의 좌표와 변위

그림 3-3에서 보는 바와 같이 변형 전 형상 B_0에서의 질점 P의 위치를 X라고 하면 좌표 성분은 (X_1, X_2, X_3)또는 X_i로 나타낼 수 있으며 이를 물질 좌표 또는 Lagrange 좌표라고 한다. 한편, 변형 후의 형상 B 에서의 p점의 좌표를 x로 하고 이를 공간 좌표 또는 Euler 좌표라고 한다. 이에 대한 좌표 성분은 (x_1, x_2, x_3) 또는 x_i로 표시한다. 수학적으로 보면 물체의 운동은 함수의 연속적인 공간으로의 사상(mapping)으로 구성된다. 그러므로 t=0에서의 초기 상태로부터 임의의 시간 t에 이르는 물체의 운동이 수학적인 연속성을 가지고 있다면 이를 공간과 시간에의 함수로 표현하는 것이 가능하다. 다음 식이 의미하는 바는 특정한 질점 X가 움직여서 t시간 후에는 좌표가 x로 되는 것을 의미한다.

$$\mathbf{x} = \mathbf{x}(\mathrm{X}, t) \tag{3.5.1}$$

한편, 질점 X를 중심으로 한 표기는 다음과 같이 쓸 수 있다.

$$\mathrm{X} = \mathbf{x}(\mathrm{X}, 0) \tag{3.5.2}$$

여기서 식(3.5.2)가 의미하는 바는 t=0일 때 즉, 변형 전의 질점 X의 위치를 나타내고 있는 것이며 그 좌표는 X이다. X는 질점 자체를 의미하기도 하며 그 질점의 위치를 알려주는 위치 벡터의 성질을 가지고 있기도 하기 때문에 혼란이 있을 수 있다. 초기 상태 또는 변형 전의 상태에 대한 시간은 반드시 t=0이 될 필요는 없으며 필요에 따라 기준 시간을 설정하면 그때의 시간이 초기 시간이 된다. 한편, 식(3.5.1)에서의 함수의 역은 다음과 같이 주어진다.

$$\mathrm{X} = \mathrm{X}(\mathbf{x}, t) \tag{3.5.3}$$

여기서 식(3.5.3)이 의미하는 바는 어느 순간 t에서 $\mathbf{x}$에 위치하고 있는 질점이 X라는 것이다. 식(3.5.1)과 식(3.5.3)의 차이는 관찰자의 관점에 따라 결정되며 물리적 의미가 정확하다면 어느 좌표로 표시하든지 상관은 없으나 상황에 따라 더 간편하게 표현할 수 있는 표기를 선택하면 된다.

3.6 유동과 좌표 표기법

연속체에서 많이 사용되는 물리량인 밀도 ρ, 압력 p, 속도 $\mathbf{v}$ 등은 위치와 시간에 대한 함수로 표시할 수 있다. 이러한 물리량을 물질 좌표로 표시하면 다음과 같다.

$$\rho(\mathrm{X},t), \quad p(\mathrm{X},t), \quad \mathrm{v}(\mathrm{X},t) \tag{3.6.1}$$

또는

$$\rho(X_1,X_2,X_3,t), \quad p(X_1,X_2,X_3,t), \quad v_i(X_1,X_2,X_3,t) \tag{3.6.2}$$

여기서 물질 좌표로 표시한 물리량들은 실제적으로 의미를 찾기가 조금 어려울 수도 있다 그 이유는 특정한 질점 X를 따라다니며 그 현재 위치에서의 물리량을 의미하게 되므로 유체 유동의 경우에 특정한 질점 X를 시간의 흐름에 따라 연속적으로 추적해야 하므로 실제로는 적용하기가 어려운 점이 있다. 반면에 물질 좌표로 표시된 물리량은 고체의 운동을 묘사하는 데는 관심 있는 지점의 변위를 찾을 수 있으므로 더 편리할 수도 있다.

다음은 공간 좌표로 표시된 밀도, 압력, 그리고 속도이다.

$$\rho(\mathbf{x},t), \quad p(\mathbf{x},t), \quad \mathrm{v}(\mathbf{x},t) \tag{3.6.3}$$

또는

$$\rho(x_1,x_2,x_3,t), \quad p(x_1,x_2,x_3,t), \quad v_i(x_1,x_2,x_3,t) \tag{3.6.4}$$

공간 좌표로 표시한 물리량은 특정한 질점에 대하여가 아니라 관찰자가 관심 있는 위치에서 측정한 밀도, 압력, 그리고 속도라고 이해할 수 있다. 일반적으로 유체 유동 해석의 경우에는 필요한 물리량들이 물질 좌표로 보다는 공간 좌표로 표기된 것을 선호한다. 식(3.5.1)과 식(3.5.3)의 역함수 관계가 성립되기 위해서는 다음과 같은 조건이 만족되어야한다.

$$J = \det\left(\frac{\partial \mathbf{x}}{\partial \mathbf{X}}\right) \neq 0 \tag{3.6.5}$$

또는

$$J = \det\left(\frac{\partial x_i}{\partial X_j}\right) = \begin{vmatrix} \frac{\partial x_1}{\partial X_1} & \frac{\partial x_1}{\partial X_2} & \frac{\partial x_1}{\partial X_3} \\ \frac{\partial x_2}{\partial X_1} & \frac{\partial x_2}{\partial X_2} & \frac{\partial x_2}{\partial X_3} \\ \frac{\partial x_3}{\partial X_1} & \frac{\partial x_3}{\partial X_2} & \frac{\partial x_3}{\partial X_3} \end{vmatrix} = e_{ijk} x_{1,i} x_{2,j} x_{3,k} \tag{3.6.6}$$

변형 전의 질점 P의 좌표 $\mathbf{X}$와 변형 후의 점 p의 좌표 $\mathbf{x}$의 차이를 변위로 정하며 다음과 같이 표시한다.

$$\mathbf{u} = \mathbf{x} - \mathbf{X} \tag{3.6.7}$$

여기서 u를 변위(displacement)로 정의한다. 변형 전의 위치를 중심으로 변위를 고려하면, 즉, P점의 초기 좌표 $\mathbf{X}$로 시선을 고정하게 되면 식(3.6.7)은 다음과 같이 표시할 수 있다.

$$\mathbf{u}(\mathbf{X}, t) = \mathbf{x}(\mathbf{X}, t) - \mathbf{X} \tag{3.6.8}$$

3.7 물질 시간 미분

물질 시간 미분(material time derivative)은 특정한 질점과 함께 이동하며 그 질점에 속한 물리량의 시간에 대한 변화를 의미한다. 그러므로 물질 시간 미분은 물질 좌표계에서 정의된 시간 미분이라고 볼 수 있으나 공간적 관점에서 정의한 물리량들에도 적용될 수 있다. 물질 시간 미분은 특정한 질점 X와 연관된 물리량에 대한 시간 미분이라는 것을 기억해야 한다. 물리량 $\rho(\mathbf{X},t)$에 대한 물질 시간 미분은 다음과 같이 쓸 수 있다.

$$\frac{D\rho(\mathrm{X},t)}{Dt} = \left.\frac{\partial\rho}{\partial t}\right|_{\mathrm{X}} \tag{3.7.1}$$

여기서 D/Dt는 물질 시간 미분이며 우변의 아래첨자 X는 특정한 질점을 고정한 상태로 고려한 것을 의미한다. 그러므로 만일 어떤 물리량이 물질 좌표로 주어져 있다면 그에 대한 물질 시간 미분은 모두 식(3.7.1)에서와 같은 의미를 지니게 된다. 한편, 공간 좌표로 표시된 임의의 물리량 $\phi(\mathrm{x},t)$에 대한 물질 시간 미분은 다음과 같이 정의된다.

$$\frac{D\phi(\mathbf{x},t)}{Dt} = \lim_{\Delta t\to 0}\frac{\phi(\mathbf{x}+\mathrm{v}\,\Delta t,\ t+\Delta t)-\phi(\mathbf{x},\ t)}{\Delta t} \tag{3.7.2}$$

여기서 v는 특정한 질점 X의 속도이다. 즉, 질점 X가 x의 위치에 있다가 Δt 동안에 $\mathrm{x}+d\mathrm{x}$의 위치로 움직인 경우에 계산된 속도이다. 또한 $\mathrm{v}\Delta t$는 질점 X가 v의 속도로 시간 Δt 동안 움직인 거리를 뜻한다. 식(3.7.2)의 우변을 정의하는 방법은 여러 가지가 있을 수 있으나 시간과 위치가 변화되었으므로 시간과 공간을 변수로 취급하여 다음과 같이 Taylor 급수를 사용하여 표시하기로 한다.

$$\phi(\mathbf{x}+\Delta\mathbf{x},\ t+\Delta t)=\phi(\mathbf{x},\ t)+\frac{\partial\phi(\mathbf{x},t)}{\partial t}\Delta t+\frac{\partial\phi(\mathbf{x},t)}{\partial\mathbf{x}}\Delta\mathbf{x}+\ldots.. \quad (3.7.3)$$

식(3.7.3)에서 Δt와 $\Delta \mathbf{x}$의 이차항 이상을 무시하고 양변을 Δt로 나누면 다음과 같은 결과를 얻게 된다.

$$\frac{\phi(\mathbf{x}+\mathbf{v}\Delta\mathrm{t},\ \mathrm{t}+\Delta\mathrm{t})-\phi(\mathbf{x},\ \mathrm{t})}{\Delta\mathrm{t}}=\frac{\partial\phi(\mathbf{x},\mathrm{t})}{\partial\mathrm{t}}+\frac{\partial\phi(\mathbf{x},\mathrm{t})}{\partial\mathbf{x}}\frac{\Delta\mathbf{x}}{\Delta\mathrm{t}}+\ldots.. \quad (3.7.4)$$

여기서 $\mathrm{v}=\Delta\mathrm{x}/\Delta t$이며, 식(3.7.4)를 다시 정리해 보면 물질 시간 미분은 다음과 같이 쓸 수 있다.

$$\frac{D\phi(\mathbf{x},t)}{Dt}=\frac{\partial\phi(\mathbf{x},t)}{\partial t}+\mathbf{v}\cdot\frac{\partial\phi(\mathbf{x},t)}{\partial\mathbf{x}} \quad (3.7.5)$$

식(3.7.5)의 결과로부터 물질 시간 미분은 다음과 같이 좌변에서의 물질 좌표 표기와 우변에서의 공간 좌표 표기의 관계를 나타내주고 있음을 보여준다.

$$\frac{D}{Dt}=\frac{\partial}{\partial t}+\mathbf{v}\cdot\frac{\partial}{\partial\mathbf{x}}=\frac{\partial}{\partial t}+\mathbf{v}\cdot\nabla \quad (3.7.6)$$

또는

$$\frac{D}{Dt}=\frac{\partial}{\partial t}+v_k\frac{\partial}{\partial x_k} \quad (3.7.7)$$

3.8 속도와 가속도

특정한 질점 X의 시간에 따른 위치 변화는 $\mathrm{x}=\mathrm{x}(\mathrm{X},t)$로 주어진다. 만일 매 순간 마다 질점 X의 위치를 알 수 있다면 각 시간에 따른 위치를 연결하는 하나의 경로를 형성하게 된다. 이 경로에 대한 시간 미분을 질점 X의 속도 v로 정의할 수 있으며 다음과 같이 표시한다.

$$\mathrm{v} = \frac{D\mathrm{x}(\mathrm{X},t)}{Dt} = \frac{\partial \mathrm{x}(\mathrm{X},t)}{\partial t} \tag{3.8.1}$$

또는

$$v_i = \frac{Dx_i(X_1,X_2,X_3,t)}{Dt} = \frac{x_i(X_1,X_2,X_3,t)}{\partial t} \tag{3.8.2}$$

식(3.8.1)은 특정한 질점 X를 고정하고 시간에 대하여 미분한 것을 의미한다. 한 가지 유의할 점은 기호 X는 변형 전 좌표와 질점 자체를 나타내는 이중적 의미를 가지고 있기 때문에 다소간의 혼란스러움이 있는 것을 감안해야한다는 것이다. 즉, X의 의미는 연속체 내부의 한 점을 의미하는 것과 동시에 그 질점의 위치를 나타내는 위치 벡터임을 이해해야 한다. 식(3.8.1)에서 물질 좌표로 정의된 질점 X의 속도 v는 질점과 함께 움직이고 있는 관찰자에 의하여 측정된 속도를 의미한다.

한편, 가속도 a는 속도의 시간에 대한 변화율로 다음과 같이 정의하며 이는 물질 좌표 표기이다.

$$\mathrm{a} = \frac{D\mathrm{v}(\mathrm{X},t)}{Dt} = \frac{\partial \mathrm{v}(\mathrm{X},t)}{\partial t} \tag{3.8.3}$$

또는

$$a_i = \frac{Dv_i(X_1, X_2, X_3, t)}{Dt} = \frac{\partial v_i(X_1, X_2, X_3, t)}{\partial t} \qquad (3.8.4)$$

여기서도 식(3.8.3)은 속도의 경우와 마찬가지로 특정한 질점 X에 대한 가속도를 계산하는 것을 의미한다. 이러한 표기 방식은 유체의 유동을 해석할 때는 불편하기 때문에 유체 역학 분야에서는 공간 좌표 방식을 선호한다.

앞에서는 속도가 물질 좌표로 표시된 경우에 대하여 설명하였으나, 속도 v는 관점에 따라 두 가지 형태(물질 좌표 및 공간 좌표)로 다음과 같이 표시할 수 있다.

$$\mathbf{v} = \mathbf{v}(\mathbf{X}, t) = \mathbf{v}(\mathbf{x}, t) \qquad (3.8.5)$$

만일 속도가 $\mathbf{v}(\mathbf{x}, t)$로 주어지면 가속도를 구하기 위해서 식(3.8.3)을 직접적으로 사용할 수 없게 된다. 그 이유는 식(3.8.3)에서 속도 $\mathbf{v}(\mathbf{X}, t)$는 특정한 질점 X를 고려하여 정의된 속도이므로 현재의 특정한 위치와 연관된 속도 $\mathbf{v}(\mathbf{x}, t)$와는 상관이 없게 되기 때문이다. 그러므로 다음과 같이 속도가 특정한 질점과 연관 될 수 있도록 다음과 같이 수정하여 사용하여야 한다.

$$\mathbf{v} = \mathbf{v}(\mathbf{x}, \mathrm{t}) = \mathbf{v}(\mathbf{x}(\mathbf{X}, \mathrm{t}), \mathrm{t}) \qquad (3.8.6)$$

속도 $\mathbf{v}(\mathbf{x}, t)$는 이제 물질 좌표가 포함된 식 $\mathbf{v}(\mathbf{x}(\mathbf{X}, t), t)$로 변환되었으므로 물질 시간 미분이 가능하게 되며 다음과 같이 계산된다.

$$\frac{D\mathbf{v}(\mathbf{x}, t)}{Dt} = \frac{\partial \mathbf{v}(\mathbf{x}, t)}{\partial t} + \frac{\partial \mathbf{v}(\mathbf{x}, t)}{\partial \mathbf{x}} \cdot \frac{\partial \mathbf{x}}{\partial t} + \frac{\partial \mathbf{v}(\mathbf{x}, t)}{\partial \mathbf{x}} \cdot \frac{\partial \mathbf{x}}{\partial \mathbf{X}} \cdot \frac{\partial \mathbf{X}}{\partial t} \qquad (3.8.7)$$

여기서 $\partial X/\partial t=0$ 이므로 식(3.8.7)은 다음과 같이 쓸 수 있다.

$$a(x,t) = \frac{Dv(x,t)}{Dt} = \frac{\partial v(x,t)}{\partial t} + v \cdot \frac{\partial v(x,t)}{\partial x} \qquad (3.8.8)$$

또는

$$\frac{Dv}{Dt} = \frac{\partial v}{\partial t} + v \cdot \nabla v \qquad (3.8.9)$$

지수로 표기하면 다음과 같다.

$$\frac{Dv_i}{Dt} = \frac{\partial v_i}{\partial t} + v_j \frac{\partial v_i}{\partial x_j} \qquad (3.8.10)$$

3.9 변형의 속도

앞에서는 변형 자체 즉, 변형이 어떠한 형태로 일어나는가에 대하여 관심을 가지고 살펴보았으나 변형이 일어나는 속도도 유체 분야나 소성 변형 분야에서는 반드시 필요한 내용이므로 여기서 알아보기로 한다. 여기서 L은 속도 구배(velocity gradient) 텐서라고 하며 다음과 같이 정의된다.

$$L = \frac{\partial v}{\partial x} = (\nabla v)^T, \qquad L_{ij} = \frac{\partial v_i}{\partial x_j} \qquad (3.9.1)$$

한편, 속도 구배 텐서 L은 텐서의 성질에 따라 다음과 같이 대칭 부분과 비대칭 부분의 합으로 표시하는 것이 가능하다.

$$\mathrm{L} = \frac{1}{2}(\mathrm{L}+\mathrm{L}^{\mathrm{T}}) + \frac{1}{2}(\mathrm{L}-\mathrm{L}^{\mathrm{T}}) = \mathrm{D} + \mathrm{W} \qquad (3.9.2)$$

여기서 D는 변형 속도(rate of deformation), W는 회전(spin)이며 각각 다음과 같이 정의된다.

$$\mathrm{D} = \frac{1}{2}\{(\nabla \mathrm{v})^{\mathrm{T}} + \nabla \mathrm{v}\}, \qquad D_{ij} = \frac{1}{2}\left(\frac{\partial v_i}{\partial x_j} + \frac{\partial v_j}{\partial x_i}\right) \qquad (3.9.3)$$

$$\mathrm{W} = \frac{1}{2}\{(\nabla \mathrm{v})^{\mathrm{T}} - \nabla \mathrm{v}\}, \qquad W_{ij} = \frac{1}{2}\left(\frac{\partial v_i}{\partial x_j} - \frac{\partial v_j}{\partial x_i}\right) \qquad (3.9.4)$$

여기서

$$\dot{J} = \frac{DJ}{Dt} = J(\nabla \cdot \mathrm{v}) \qquad (3.9.5)$$

예제 3.1

연속체의 운동이 다음과 같이 주어질 때 속도와 가속도를 구하시오.

$$x_1 = X_1 t, \quad x_2 = X_2(1+t), \quad x_3 = X_3 t^2$$

속도는 다음과 같이 구할 수 있다.

$$v_1 = \frac{Dx_1}{Dt} = \frac{\partial x_1}{\partial t} = X_1$$
$$v_2 = \frac{Dx_2}{Dt} = \frac{\partial x_2}{\partial t} = X_2$$
$$v_3 = \frac{Dx_3}{Dt} = \frac{\partial x_3}{\partial t} = 2X_3 t$$

가속도는 다음과 같이 주어진다.

$$a_1 = \frac{Dv_1}{Dt} = 0, \quad a_2 = \frac{Dv_2}{Dt} = 0, \quad a_3 = \frac{Dv_3}{Dt} = 2X_3$$

예제 3.1에서의 속도를 공간 좌표로 변환하여 표기하고 이를 미분하여 가속도를 계산하고 계산된 가속도를 물질 좌표로 표시하였을 때 예제 3.1의 결과와 같음을 보이시오.

예제 3.1에서 계산한 속도를 공간 좌표로 표기하면 다음과 같다.

$$v_1 = \frac{x_1}{t}, \quad v_2 = \frac{x_2}{1+t}, \quad v_3 = \frac{2x_3}{t}$$

이제 속도가 공간 좌표로 바뀌었으므로 가속도를 계산하기 위하여 다음과 같이 계산한다.

$$a_1 = \frac{\partial v_1}{\partial t} + v_1\frac{\partial v_1}{\partial x_1} + v_2\frac{\partial v_1}{\partial x_2} + v_1\frac{\partial v_1}{\partial x_3} = 0$$
$$a_2 = \frac{\partial v_2}{\partial t} + v_1\frac{\partial v_2}{\partial x_1} + v_2\frac{\partial v_2}{\partial x_2} + v_1\frac{\partial v_2}{\partial x_3} = 0$$
$$a_3 = \frac{\partial v_3}{\partial t} + v_1\frac{\partial v_3}{\partial x_1} + v_2\frac{\partial v_3}{\partial x_2} + v_1\frac{\partial v_3}{\partial x_3} = \frac{2x_3}{t^2}$$

여기서 가속도 성분 a_3를 물질 좌표로 표기하면 예제 3.1에서의 결과와 동일함을 알 수 있다.

연습문제

1 미소 변위 조건에서의 변형률-변위 식은 어떻게 표시되는가?

2 미소 변위 조건에서 변위 구배는 어떻게 정의되는가?

3 미소 변위 조건에서 변위 구배는 어떻게 변형률과 미소 회전으로 구분될 수 있는가?

4 Lagrange 관점이란 무엇인가?

5 Euler 관점이란 무엇인가?

6 변위가 다음과 같이 주어졌을 때 변형률을 계산하시오.

$$
\begin{aligned}
u &= 4x_1^3 - 2xy^2 + z^2 + 1 \\
v &= -2x^2 + y^3 + z^2 + 3 \\
w &= x^2y - 3z^2 + 2
\end{aligned}
$$

7 변형률이 다음과 같이 주어졌을 때 주어진 해의 적합성을 판별하시오.

$$
\begin{aligned}
\epsilon_{xx} &= x^2 + 3y^2 + z^2 - 1 \\
\epsilon_{yy} &= 2x + 3y - z + 2 \\
\epsilon_{zz} &= x^2 - 2xy + 2z^3 - 1 \\
\gamma_{xy} &= -5xy \\
\gamma_{yz} &= 2yz \\
\epsilon_{zx} &= 0
\end{aligned}
$$

8 어떤 물체의 운동이 다음과 같이 주어졌을 때 질문에 답하시오.

$$x_1 = X_1 + 2X_2, \quad x_2 = \frac{1}{2}X_2, \quad x_3 = X_3$$

a) 주어진 식이 역변환 가능한 변환인지 검증하시오. (힌트: $J \neq 0$을 이용한다.)

b) 역변환이 가능하다면 주어진 식을 Euler 좌표 형태인 X=X(x, t)로 표시하시오.

c) 변위 u=u(X, t)를 계산하여 각 성분으로 보이시오.

d) Euler 표기로 된 u=u(x, t)를 계산하여 각 성분으로 보이시오.

9 어떤 물체의 운동이 다음과 같이 주어졌을 때 질문에 답하시오.

$$x_1 = 2X_1, \quad x_2 = \frac{1}{\sqrt{2}}X_2, \quad x_3 = \frac{1}{\sqrt{2}}X_3$$

a) 주어진 식이 역변환 가능한 변환인지 검증하시오. (힌트: $J \neq 0$을 이용한다.)

b) 역변환이 가능하다면 주어진 식을 Euler 좌표 형태인 X=X(x, t)로 표시하시오.

c) 변위 u=u(X, t)를 계산하여 각 성분으로 보이시오.

d) Euler 표기로 된 u=u(x, t)를 계산하여 각 성분으로 보이시오.

10 어떤 물체의 운동이 다음과 같이 주어졌을 때 질문에 답하시오.

$$x_1 = 2X_1 + 3X_3,\quad x_2 = \frac{1}{\sqrt{2}}X_1,\quad x_3 = \frac{1}{\sqrt{3}}X_3$$

a) 주어진 식이 역변환 가능한 변환인지 검증하시오. (힌트: $J \neq 0$을 이용한다.)

b) 역변환이 가능하다면 주어진 식을 Euler 좌표 형태인 $\mathbf{X}=\mathbf{X}(\mathbf{x}, t)$로 표시하시오.

c) 변위 $\mathbf{u}=\mathbf{u}(\mathbf{X}, \mathrm{t})$를 계산하여 각 성분으로 보이시오.

d) Euler 표기로 된 $\mathbf{u}=\mathbf{u}(\mathbf{x}, \mathrm{t})$를 계산하여 각 성분으로 보이시오.

11 어떤 물체의 운동이 다음과 같이 주어졌을 때 질문에 답하시오.

$$X_1 = 2x_1 + 3x_3,\quad X_2 = 2x_1,\quad X_3 = 3x_3$$

a) 주어진 식이 역변환 가능한 변환인지 검증하시오. (힌트: $J \neq 0$을 이용한다.)

b) 역변환이 가능하다면 주어진 식을 Lagrange 좌표 형태인 $\mathbf{x}=\mathbf{x}(\mathbf{X}, \mathrm{t})$로 표시하시오.

12 변형 관계식이 다음과 같이 주어질 때 다음 질문에 답하시오.

$$x_1 = X_1 + 2X_2,\quad x_2 = \frac{1}{2}X_2,\quad x_3 = X_3$$

a) 주어진 식이 역변환 가능한 변환인지 검증하시오. (힌트: $J \neq 0$을 이용한다.)

b) 역변환이 가능하다면 주어진 식을 Euler 좌표 형태인 $\mathbf{X}=\mathbf{X}(\mathbf{x},t)$로 표시하시오.

c) 변위 $\mathbf{u}=\mathbf{u}(\mathbf{X},t)$를 계산하여 각 성분으로 보이시오.

d) Euler 표기로 된 $\mathbf{u}=\mathbf{u}(\mathbf{x},t)$를 계산하여 각 성분으로 보이시오.

13 변형 관계식이 다음과 같이 주어질 때 다음 질문에 답하시오.

$$x_1 = 3X_1, \quad x_2 = X_2, \quad x_3 = X_3$$

a) 주어진 식이 역변환 가능한 변환인지 검증하시오. (힌트: $J \neq 0$을 이용한다.)

b) 역변환이 가능하다면 주어진 식을 Euler 좌표 형태인 $\mathbf{X}=\mathbf{X}(\mathbf{x},t)$로 표시하시오.

c) 변위 $\mathbf{u}=\mathbf{u}(\mathbf{X},t)$를 계산하여 각 성분으로 보이시오.

d) Euler 표기로 된 $\mathbf{u}=\mathbf{u}(\mathbf{x},t)$를 계산하여 각 성분으로 보이시오.

14 변형 관계식이 다음과 같이 주어질 때 다음 질문에 답하시오.

$$x_1 = 2X_1, \quad x_2 = 2X_2, \quad x_3 = X_3$$

a) 주어진 식이 역변환 가능한 변환인지 검증하시오. (힌트: $J \neq 0$을 이용한다.)

b) 역변환이 가능하다면 주어진 식을 Euler 좌표 형태인 **X**=**X**(x, *t*)로 표시하시오.

c) 변위 **u**=**u**(**X**, t)를 계산하여 각 성분으로 보이시오.

d) Euler 표기로 된 **u**=**u**(x, t)를 계산하여 각 성분으로 보이시오.

15 다음에 주어진 변형 조건 하에서 질문에 답하시오.

$$x_1 = 2X_1, \quad x_2 = \frac{1}{\sqrt{2}}X_2, \quad x_3 = \frac{1}{\sqrt{2}}X_3$$

a) 주어진 식이 역변환 가능한 변환인지 검증하시오. (힌트: *J*≠0을 이용한다.)

b) 역변환이 가능하다면 주어진 식을 Euler 좌표 형태인 **X**=**X**(x, *t*)로 표시하시오.

c) 변위 **u**=**u**(**X**, t)를 계산하여 각 성분으로 보이시오.

d) Euler 표기로 된 **u**=**u**(x, t)를 계산하여 각 성분으로 보이시오.

16 다음에 주어진 변형 조건 하에서 질문에 답하시오.

$$x_1 = X_1 + 3X_{2,} \quad x_2 = X_2, \quad x_3 = X_3$$

a) 주어진 식이 역변환 가능한 변환인지 검증하시오. (힌트: *J*≠0을 이용한다.)

b) 역변환이 가능하다면 주어진 식을 Euler 좌표 형태인 **X**=**X**(x, *t*)로 표시하시오.

c) 변위 **u**=**u**(**X**, t)를 계산하여 각 성분으로 보이시오.

d) Euler 표기로 된 **u**=**u**(x, t)를 계산하여 각 성분으로 보이시오.

17 다음에 주어진 변형 조건 하에서 질문에 답하시오.

$$x_1 = X_1 \cos\theta - X_2 \sin\theta, \quad x_2 = X_1 \sin\theta + X_2 \cos\theta, \quad x_3 = X_3$$

a) 주어진 식이 역변환 가능한 변환인지 검증하시오. (힌트: $J \neq 0$을 이용한다.)

b) 역변환이 가능하다면 주어진 식을 Euler 좌표 형태인 $\mathbf{X}=\mathbf{X}(\mathbf{x}, t)$로 표시하시오.

c) 변위 $\mathbf{u}=\mathbf{u}(\mathbf{X}, \mathrm{t})$를 계산하여 각 성분으로 보이시오.

d) Euler 표기로 된 $\mathbf{u}=\mathbf{u}(\mathbf{x}, \mathrm{t})$를 계산하여 각 성분으로 보이시오.

18 다음에 주어진 변형 조건 하에서 질문에 답하시오.

$$x_1 = X_1 - 2X_2, \quad x_2 = X_2, \quad x_3 = X_3$$

a) 주어진 식이 역변환 가능한 변환인지 검증하시오. (힌트: $J \neq 0$을 이용한다.)

b) 역변환이 가능하다면 주어진 식을 Euler 좌표 형태인 $\mathbf{X}=\mathbf{X}(\mathbf{x}, t)$로 표시하시오.

c) 변위 $\mathbf{u}=\mathbf{u}(\mathbf{X}, \mathrm{t})$를 계산하여 각 성분으로 보이시오.

d) Euler 표기로 된 $\mathbf{u}=\mathbf{u}(\mathbf{x}, \mathrm{t})$를 계산하여 각 성분으로 보이시오.

19 다음에 주어진 변형 조건 하에서 질문에 답하시오.

$$x_1 = X_1 \cos\theta - X_2 \sin\theta, \quad x_2 = X_1 \sin\theta + X_2 \cos\theta, \quad x_3 = X_3$$

a) 주어진 식이 역변환 가능한 변환인지 검증하시오. (힌트: $J \neq 0$을 이용한

다.)

b) 역변환이 가능하다면 주어진 식을 Euler 좌표 형태인 $\mathbf{X}=\mathbf{X}(\mathbf{x}, t)$로 표시하시오.

c) 변위 $\mathbf{u}=\mathbf{u}(\mathbf{X}, \mathrm{t})$를 계산하여 각 성분으로 보이시오.

d) Euler 표기로 된 $\mathbf{u}=\mathbf{u}(\mathbf{x}, \mathrm{t})$를 계산하여 각 성분으로 보이시오.

20 물질 좌표(Lagrange 좌표)의 특징은 무엇이며 어떻게 정의하는가?

21 공간 좌표(Euler 좌표)의 특징은 무엇이며 어떻게 정의하는가?

22 물질 시간 미분과 시간 미분의 차이점은 무엇인가?

23 물질 좌표로 표기된 속도와 공간 좌표로 표기된 속도는 같은 의미인가?

24 물질 좌표로 표기된 속도를 사용하여 가속도는 어떻게 계산하는가?

25 공간 좌표로 표기된 속도를 사용하여 가속도는 어떻게 계산하는가?

26 연속체 내의 밀도가 $\rho(\mathrm{X}, t)=X_1 t+X_2 t^2+X_3(1+t^3)$로 주어질 때 밀도의 시간에 대한 변화율 $D\rho/Dt$를 계산하시오.

27 연속체 내의 밀도가 $\rho(\mathrm{x}, t)=x_1(1+t)+x_2 t^2+x_3 t$로 주어지며 유동 속도가

다음과 같이 주어질 때 밀도에 대한 시간의 변화율 $D\rho/Dt$를 계산하시오.

$$v_1 = x_1(1+t), + x_2 t \quad v_2 = x_1 t + 2tx_2, \quad v_3 = (1-3t^2)x_3$$

28 연속체의 운동이 다음과 같이 주어질 때 다음 질문에 답하시오.

$$\begin{aligned} x_1 &= X_1 e^{-t} + X_3(e^{-t} - 1) \\ x_2 &= X_2 e^{-t} - X_3(1 - e^{-t}) \\ x_3 &= X_3 e^{t} \end{aligned}$$

a) 속도 v(X, t)를 계산하시오.

b) 가속도 a(X, t)를 계산하시오.

c) 초기 좌표 (1, 1, 1)로 표시되는 질점의 속도 v(X, t)를 $0 \le t \le 3$ 범위 내에서 그림으로 그리시오.

d) 초기 좌표 (1, 1, 1)로 표시되는 질점의 가속도 a(X, t)를 $0 \le t \le 3$ 범위 내에서 그림으로 그리시오.

29 연속체의 운동이 다음과 같이 주어질 때 다음 질문에 답하시오.

$$x_1 = X_1 \cos t - X_2 \sin t \quad x_2 = X_1 \sin t + X_2 \cos t, \quad x_3 = X_3$$

a) 속도 v(X, t)를 계산하시오.

b) 가속도 a(X, t)를 계산하시오.

c) 초기 좌표 (1, 1, 1)로 표시되는 질점의 속도 v(X, t)를 $0 \le t \le 3$ 범위 내에서 그림으로 그리시오.

d) 초기 좌표 (1,1,1)로 표시되는 질점의 가속도 a(X,t)를 0≤t≤3 범위 내에서 그림으로 그리시오.

30 연속체의 운동이 다음과 같이 주어질 때 다음 질문에 답하시오.

$$x_1 = X_1 - X_2 t, \quad x_2 = X_2, \quad x_3 = X_3$$

a) 속도 v(X,t)를 계산하시오.

b) 가속도 a(X,t)를 계산하시오.

c) 초기 좌표 (0,1,1)로 표시되는 질점의 속도 v(X,t)를 0≤t≤3 범위 내에서 그림으로 그리시오.

d) 초기 좌표 (0,1,1)로 표시되는 질점의 가속도 a(X,t)를 0≤t≤3 범위 내에서 그림으로 그리시오.

31 연속체의 운동이 다음과 같이 주어질 때 다음 질문에 답하시오.

$$x_1 = X_1(1+t), \quad x_2 = (1+2t)X_2, \quad x_3 = (1+t^2)X_3$$

a) 속도 v(X,t)를 계산하시오.

b) 가속도 a(X,t)를 계산하시오.

c) 초기 좌표 (1,3,0)로 표시되는 질점의 속도 v(X,t)를 0≤t≤3 범위 내에서 그림으로 그리시오.

d) 초기 좌표 (1,3,0)로 표시되는 질점의 가속도 a(X,t)를 0≤t≤3 범위 내에서 그림으로 그리시오.

32 연속체의 운동이 다음과 같이 주어질 때 다음 질문에 답하시오.

$$x_1 = X_1 e^{-t} + X_3(e^{-t} - 1)$$
$$x_2 = X_2 e^{-t} - X_3(1 - e^{-t})$$
$$x_3 = X_3 e^{t}$$

a) 역변환의 가능성을 검증하고 가능하다면 Euler 표기로 X=X(x, *t*)와 같이 표시하시오.

b) 속도 v(x, *t*)를 계산하시오.

c) 가속도 a(x, *t*)를 계산하시오.

33 연속체의 운동이 다음과 같이 주어질 때 다음 질문에 답하시오.

$$x_1 = X_1 \cos t - 2X_2 \sin t \quad x_2 = 3X_1 \sin t + X_2 \cos t, \quad x_3 = X_3$$

a) 역변환의 가능성을 검증하고 가능하다면 Euler 표기로 X=X(x, *t*)와 같이 표시하시오.

b) 속도 v(x, *t*)를 계산하시오.

c) 가속도 a(x, *t*)를 계산하시오.

34 연속체의 운동이 다음과 같이 주어질 때 다음 질문에 답하시오.

$$x_1 = X_1 - X_2 t^2, \quad x_2 = X_2 t, \quad x_3 = X_3$$

a) 역변환의 가능성을 검증하고 가능하다면 Euler 표기로 X=X(x, *t*)와 같이 표시하시오.

b) 속도 v(x, *t*)를 계산하시오.

c) 가속도 a(x, *t*)를 계산하시오.

35 연속체의 운동이 다음과 같이 주어질 때 다음 질문에 답하시오.

$$x_1 = X_1(1+t), \quad x_2 = (1+2t)X_2, \quad x_3 = (1+t^2)X_3$$

a) 역변환의 가능성을 검증하고 가능하다면 Euler 표기로 **X**=**X**(**x**, t)와 같이 표시하시오.

b) 속도 v(**x**, t)를 계산하시오.

c) 가속도 **a**(**x**, t)를 계산하시오.

36 연속체의 운동이 다음과 같이 주어질 때 DJ/Dt를 계산하시오.

$$x_1 = X_1(1-t^2), \quad x_2 = tX_2, \quad x_3 = t^2 X_3$$

37 연속체의 운동이 다음과 같이 주어질 때 속도와 가속도를 구하시오.

$$\begin{aligned} x_1 &= X_1 \\ x_2 &= X_2 e^t + X_3(1-e^{-t}) \\ x_3 &= X_2 e^{-t} - X_3 \end{aligned}$$

38 연속체의 운동이 다음과 같이 주어질 때 속도와 가속도를 구하시오.

$$x_1 = X_1(1-t^2), \quad x_2 = tX_2, \quad x_3 = t^2 X_3$$

39 연속체의 운동이 다음과 같이 주어질 때 속도와 가속도를 구하시오.

$$x_1 = 2X_1 t + 2X_2 t^2, \quad x_2 = (1-X_2)t, \quad x_3 = X_3 t^3$$

40 유체의 속도장이 다음과 같이 주어질 때 다음 질문에 답하시오.

$$v_1 = x_1 e^t + x_2 t, \quad v_2 = x_2 t^2 + 3, \quad v_3 = x_3 t$$

a) 주어진 속도에 대하여 속도 구배 텐서 L을 구하시오.

b) 변형 속도 텐서 D를 계산하시오.

c) 회전 텐서 W를 구하시오.

41 유체의 속도장이 다음과 같이 주어질 때 다음 질문에 답하시오.

$$v_1 = x_1 \cos t - x_2 \sin t \quad v_2 = x_1 \sin t + x_2 \cos t, \quad v_3 = 0$$

a) 주어진 속도에 대하여 속도 구배 텐서 L을 구하시오.

b) 변형 속도 텐서 D를 계산하시오.

c) 회전 텐서 W를 구하시오.

42 연속체의 운동이 다음과 같이 주어질 때 다음 질문에 답하시오.

$$x_1 = X_1(1-t^2), \quad x_2 = tX_2, \quad x_3 = t^2 X_3$$

a) 속도와 가속도를 구하시오

b) 주어진 속도에 대하여 속도 구배 텐서 L을 구하시오.

c) 변형 속도 텐서 D를 계산하시오.

d) 회전 텐서 W를 구하시오.

43 연속체의 운동이 다음과 같이 주어질 때 다음 질문에 답하시오.

$$x_1 = 2X_1 t + 2X_2 t^2, \quad x_2 = (1 - X_2)t, \quad x_3 = X_3 t^3$$

a) 속도와 가속도를 구하시오

b) 주어진 속도에 대하여 속도 구배 텐서 L을 구하시오.

c) 변형 속도 텐서 D를 계산하시오.

d) 회전 텐서 W를 구하시오.

44 연속체의 운동이 다음과 같이 주어질 때 다음 질문에 답하시오.

$$x_1 = X_1 t^2, \quad x_2 = X_1 + tX_2, \quad x_3 = X_3$$

a) 속도와 가속도를 구하시오

b) 주어진 속도에 대하여 속도 구배 텐서 L을 구하시오.

c) 변형 속도 텐서 D를 계산하시오.

d) 회전 텐서 W를 구하시오.

45 연속체의 운동이 다음과 같이 주어질 때 다음 질문에 답하시오.

$$x_1 = 2X_1 t + 2X_2 t^2, \quad x_2 = (1 - X_2)t, \quad x_3 = X_3 t^3$$

a) 속도와 가속도를 구하시오

b) 주어진 속도에 대하여 속도 구배 텐서 L을 구하시오.

c) 변형 속도 텐서 D를 계산하시오.

d) 회전 텐서 W를 구하시오.

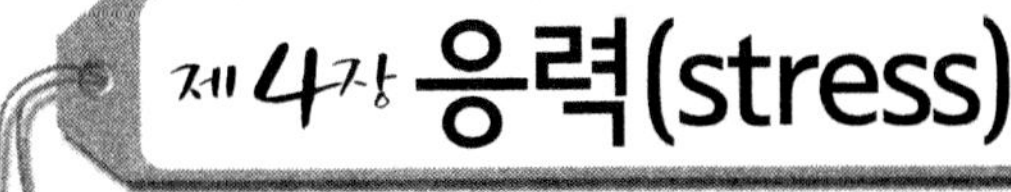

제 4장 응력(stress)

4.1 응력

4.2 응력 벡터(stress vector)

4.3 응력 텐서(stress tensor)

4.4 수직 응력과 전단 응력

4.5 주응력(principal stress)

4.6 일탈 응력과 구형 응력

4.1 응력

연속체에 영향을 주는 힘은 표면력(surface force)과 체력(body force)의 두 가지 종류가 있다. 표면력은 물체의 표면에서 그리고 체력은 체적에서 작용하는 힘이다. 여기서 표면은 연속체의 외부 표면을 포함하여 내부 절단면 또는 가상의 단면 등 표면으로 취급할 수 있는 모든 면을 의미한다. 물체의 한 지점에서 작용하고 힘을 해당하는 면적으로 나누면 단위 면적당 작용하는 힘이 되는데 이를 응력 벡터(stress vector) 또는 견인력(traction)이라고 한다. 응력 벡터는 힘이 작용하고 있는 지점과 작용하고 있는 면의 방향에 따라 그 성분이 달라진다. 이번 장에서는 Cauchy의 공식을 적용하여 응력 텐서(stress tensor)를 정의하고자 한다.

4.2 응력 벡터(stress vector)

표면력은 연속체의 표면에서 작용하는 힘이며 외부 표면뿐만 아니라 가상의 절단면에서도 작용한다. 연속체의 형상 B 에 속한 미소 면적을 Δa 라고 하고 그 면에 수직인 단위 벡터를 n으로 한다. 이때 미소 면적에서 작용하는 표면력을 Δf라고 하면, 단위 면적당의 작용하는 힘 $t^{(n)}$은 다음과 같이 정의되며 응력 벡터(stress vector) 또는 견인력(traction)이라고 한다.

$$t^{(n)} = \lim_{\Delta a \to 0} \frac{\Delta f}{\Delta a} = \frac{df}{da} \tag{4.2.1}$$

응력 벡터 $t^{(n)}$의 방향은 반드시 단면에 수직일 필요는 없다. 즉, 응력 벡터 $t^{(n)}$와 단면에 수직인 단위벡터 n의 방향은 다를 수 있으며 이는 응력 벡터는 연속체 내에서의 위치만 아니라 작용하는 면의 방향에도 영향을 받는다는 것을 의미한다. 즉, 응력 벡터는 면적 Δa의 기하학적 방향을 표시하는 단위 벡터 n의 함수가 된다.

외력이 작용하는 연속체 내부에서는 이에 상응하는 힘이 작용한다. 연속체를 가상적으로 절단하였을 때 절단면은 두 개가 되는데 각각의 면을 가리키는 수직 단위 벡터는 각각 n과 -n이 되며, 각 면에서 작용하는 응력 벡터는 $\mathrm{t}^{(\mathrm{n})}$과 $\mathrm{t}^{(-\mathrm{n})}$으로 표시할 수 있다. Newton의 작용-반작용의 법칙에 따라 두 면에서 작용하는 응력 벡터는 크기가 같고 방향이 다르게 되므로 다음과 같은 관계식을 만족한다.

$$\mathrm{t}^{(\mathrm{n})} = -\mathrm{t}^{(-\mathrm{n})} \qquad \text{또는} \qquad \mathrm{t}^{(n)} + \mathrm{t}^{(-n)} = 0 \qquad (4.2.2)$$

연속체에 작용하고 있는 표면력의 합 F_s는 응력 벡터 $\mathrm{t}^{(\mathrm{n})}$과 미소 면적 da를 사용하여 다음과 같이 적분 형태로 표시할 수 있다.

$$\mathrm{F}_s = \int_a \mathrm{t}^{(\mathrm{n})} da \qquad (4.2.3)$$

체력(body forces)은 연속체의 체적에서 작용하는 힘이며 대표적인 것으로는 중력이 있다. 고려하고자 하는 연속체의 체적이 v라고 하면 체력 F_b는 다음과 같이 표시할 수 있다.

$$\mathrm{F}_b = \int_v \rho \mathrm{b} dv \qquad (4.2.4)$$

여기서 ρ는 연속체의 밀도로서 단위는 (kg/m^3)이며, b는 체력이며 단위는 (N/kg)이다. 그러므로 연속체 전체에 작용하고 있는 힘 F는 표면 전체에서의 표면력과 전체 체적에서의 체력의 합으로 생각할 수 있으며 식(4.2.3)과 식

(4.2.4)로부터 다음과 같이 표시할 수 있다.

$$\sum \mathrm{F} = \mathrm{F_s} + \mathrm{F_b} = \int_a \mathrm{t}^{(\mathrm{n})} da + \int_v \rho \mathrm{b} dv = 0 \qquad (4.2.5)$$

4.3 응력 텐서(stress tensor)

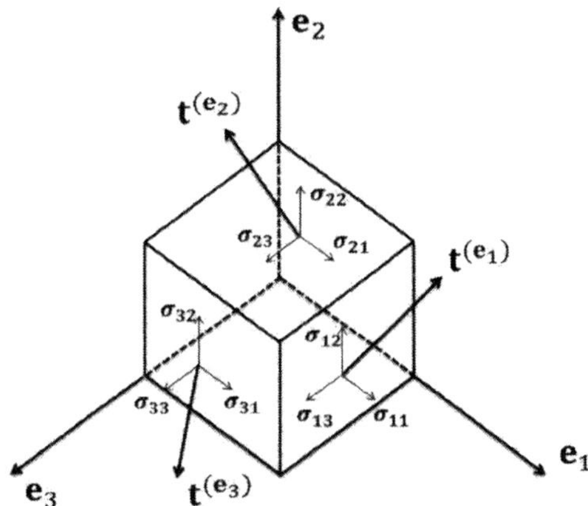

그림 4-1 응력 텐서와 응력 벡터

연속체의 표면에서 작용하고 있는 응력 벡터 $\mathrm{t}^{(\mathrm{n})}$은 위치와 작용하는 면의 방향에 따른 함수가 됨을 앞에서 설명하였다. 그림 4-1에서와 같이 미소 크기의 입방체의 각 면에서 작용하는 응력 벡터의 성분을 구하기 위해서 좌표 축 방향의 표면에서 작용하는 응력 벡터를 $\mathrm{t}^{(\mathrm{e}_i)}$라 놓는다. 예를 들어 x_1 방향의 표면에서 작용하는 응력 벡터를 $\mathrm{t}^{(\mathrm{e}_i)}$으로 한다면 다음과 같이 각 성분의 항으로 표시할 수 있다.

$$\mathrm{t}^{(\mathrm{e}_1)} = t_1^{(\mathrm{e}_1)} \mathrm{e}_1 + \mathrm{t}_2^{(\mathrm{e}_1)} \mathrm{e}_2 + \mathrm{t}_3^{(\mathrm{e}_1)} \mathrm{e}_3 \qquad (4.3.1)$$

나머지 방향에 대하여도 동일한 방식으로 다음과 같이 쓸 수 있다.

$$\mathrm{t}^{(\mathrm{e}_2)} = t_1^{(\mathrm{e}_2)}\mathrm{e}_1 + \mathrm{t}_2^{(\mathrm{e}_2)}\mathrm{e}_2 + \mathrm{t}_3^{(\mathrm{e}_2)}\mathrm{e}_3$$
$$\mathrm{t}^{(\mathrm{e}_3)} = t_1^{(\mathrm{e}_3)}\mathrm{e}_1 + t_2^{(\mathrm{e}_3)}\mathrm{e}_2 + t_3^{(\mathrm{e}_3)}\mathrm{e}_3 \qquad (4.3.2)$$

또는 지수를 사용하여 다음과 같이 표시할 수 있다.

$$\mathrm{t}^{(\mathrm{e}_i)} = t_j^{(\mathrm{e}_i)}\mathrm{e}_j \qquad (4.3.3)$$

식(4.3.1)과 식(4.3.2)로부터 각 표면에서의 응력 벡터의 성분은 $\mathrm{t}_1^{(\mathrm{e}_1)}, \mathrm{t}_1^{(\mathrm{e}_2)}, \mathrm{t}_1^{(\mathrm{e}_3)}$ 등 모두 9개임을 알 수 있으며 2차 텐서 σ의 성분 σ_{ij}로 간주하여 다음과 같이 표기할 수 있다.

$$t_j^{(\mathrm{e}_i)} = \sigma_{ij} \qquad (4.3.4)$$

여기서 σ_{ij}는 2차 텐서인 Cauchy 응력 텐서 σ의 성분이므로 지수에 대하여 모두 전개하여 성분으로 표시하면 다음과 같으며 $\sigma_{11}, \sigma_{22}, \sigma_{33}$는 수직 응력이며 $\sigma_{12}, \sigma_{23}, \sigma_{31}, \sigma_{13}, \sigma_{32}, \sigma_{21}$는전단 응력으로 정의한다.

$$[\sigma_{ij}] = \begin{bmatrix} \sigma_{11} & \sigma_{12} & \sigma_{13} \\ \sigma_{21} & \sigma_{22} & \sigma_{23} \\ \sigma_{31} & \sigma_{32} & \sigma_{33} \end{bmatrix} \qquad (4.3.5)$$

연속체에 속한 임의의 한 점을 고려하면 그 점을 지나가는 평면은 무수히 많이 존재하게 되므로 응력 벡터를 규정하기가 불가능해지는데 그 이유는 무한한 수의 면이 그 점을 포함할 수 있어서 유일한 면이라는 것은 존재하지 않기 때문에 임의의 한 점에서의 응력을 정의할 수 없다는 결론에 도달하게 된다. Cauchy는 이러한 난제를 해결하기 위해서 응력 텐서에 대한 추론을 제시하였다. Cauchy의 추론은 임의의 한 점에서 응력 상태를 완벽하게 정의할 수 있다는 것이 수학적으로 증명되었으며 임의의 평면 n에서 작용하는 응력 벡터 $t^{(n)}$을 규정하는 방법을 알아보기로 한다. 그림 4-2에서 보는 바와 같은 사면체에서 임의의 방향을 가지는 표면 n에서의 응력 벡터 $t^{(n)}$을 고려한다. 또한 응력 벡터 $t^{(n)}$이 작용하고 있는 표면의 미소 면적을 da라 하면 x_1방향의 사면체의 미소 면적은 벡터 n과 벡터 e_1의 방향 cosine인 $n_1 = \cos(n, e_1)$을 사용하여 다음과 같이 정의할 수 있다.

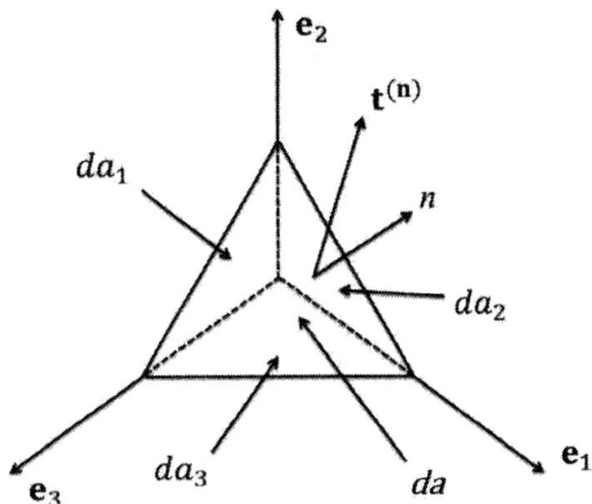

그림 4-2 Cauchy의 응력 공식을 유도하기 위한 미소 체적을 가지는 사면체

$$da_1 = n_1 da \tag{4.3.6}$$

나머지 방향의 면적도 각각 $da_2 = n_2 da$, $da_3 = n_3 da$로 놓을 수 있으며 $n_2 = \cos(n, e_2)$, $n_3 = \cos(n, e_3)$이다. 한편 사면체의 체적 dv는 다음과 같이 정의된다.

$$dv = \frac{1}{3} h da \tag{4.3.7}$$

여기서 h는 원점으로부터 $t^{(n)}$이 작용하는 평면까지의 거리이다. 사면체에서 작용하는 전체 힘의 평형을 위해서 다음의 조건이 만족되어야 한다.

전체 힘 = 표면 n에서 작용하는 힘 - e_1표면에서 작용하는 힘
-e_2표면에서 작용하는 힘 - e_3표면에서 작용하는 힘 (4.3.8)
+ 미소 체적에 대한 체력 = 0

여기서 식(4.3.8)의 우변에서 음의 부호가 나온 것은 힘의 방향이 좌표축의 음의 방향으로 되었기 때문이며 수식으로는 다음과 같이 쓸 수 있다.

$$\mathrm{t}^{(\mathrm{n})}da - \mathrm{t}^{(\mathrm{e}_1)}da_1 - \mathrm{t}^{(\mathrm{e}_2)}da_2 - \mathrm{t}^{(\mathrm{e}_3)}da_3 + \rho b dv = 0 \qquad (4.3.9)$$

식(4.3.6)과 식(4.3.7)을 사용하여 식(4.3.9)를 다음과 같이 고쳐 쓸 수 있다.

$$\mathrm{t}^{(\mathrm{n})}da - \mathrm{t}^{(\mathrm{e}_1)}n_1 da - \mathrm{t}^{(\mathrm{e}_2)}n_2 da - \mathrm{t}^{(\mathrm{e}_3)}n_3 da + \frac{1}{3}\rho b h da = 0 \qquad (4.3.10)$$

식(4.3.10)을 공통항인 da로 나누고 $\mathrm{t}^{(\mathrm{n})}$에 대하여 정리하면 다음과 같은 식을 얻게 된다.

$$\mathrm{t}^{(\mathrm{n})} = \mathrm{t}^{(\mathrm{e}_1)}n_1 + \mathrm{t}^{(\mathrm{e}_2)}n_2 + \mathrm{t}^{(\mathrm{e}_3)}n_3 - \frac{1}{3}\rho b h = 0 \qquad (4.3.11)$$

여기서 $h \to 0$으로 하면 평면은 원점가까이로 가게 되고 $\mathrm{t}^{(\mathrm{n})}$은 원점에서 방향벡터 n을 가지는 평면에서 작용하는 응력 벡터가 되어 식(4.3.11)은 다음과 같이 쓸 수 있다.

$$\mathrm{t}^{(\mathrm{n})} = \mathrm{t}^{(\mathrm{e}_1)}n_1 + \mathrm{t}^{(\mathrm{e}_2)}n_2 + \mathrm{t}^{(\mathrm{e}_3)}n_3 \qquad (4.3.12)$$

또는

$$t_j^{(\mathrm{n})} = t_j^{(\mathrm{e}_1)} n_1 + t_j^{(\mathrm{e}_2)} n_2 + t_j^{(\mathrm{e}_3)} n_3 = t_j^{(\mathrm{e}_i)} n_i \qquad (4.3.13)$$

식(4.3.4)를 식(4.3.13)에 대입하여 응력 텐서의 성분으로 나타내면 다음과 같이 임의의 표면에서 작용하는 응력 벡터를 응력 텐서의 항으로 나타낼 수 있으며 이를 Cauchy 응력 공식이라고 한다.

$$t_j^{(\mathrm{n})} = \sigma_{ij} n_i \qquad (4.3.14)$$

또는

$$\mathrm{t}^{(\mathrm{n})} = \mathrm{n} \cdot \boldsymbol{\sigma} \qquad (4.3.15)$$

Cauchy는 응력 벡터와 응력 텐서, 표면에 수직인 벡터간의 관계식을 위와 같이 제안하였으며 σ_{ij}를 Cauchy의 응력 텐서라고 한다. 식(4.3.13)을 지수 i에 대하여 전개하면

$$t_j^{(n)} = n_i \sigma_{ij} = n_1 \sigma_{1j} + n_2 \sigma_{2j} + n_3 \sigma_{3j} \qquad (4.3.16)$$

식(4.3.16)에서 모든 지수에 대하여 전개하면 다음과 같다.

$$\begin{aligned} t_1^{(n)} &= n_1 \sigma_{11} + n_2 \sigma_{21} + n_3 \sigma_{31} \\ t_2^{(n)} &= n_1 \sigma_{12} + n_2 \sigma_{22} + n_3 \sigma_{32} \\ t_3^{(n)} &= n_1 \sigma_{13} + n_2 \sigma_{23} + n_3 \sigma_{33} \end{aligned} \qquad (4.3.17)$$

식(4.3.17)의 결과를 행렬로 나타내면 다음과 같다.

$$\begin{pmatrix} t_1^{(n)} \\ t_2^{(n)} \\ t_3^{(n)} \end{pmatrix} = \begin{bmatrix} \sigma_{11} & \sigma_{21} & \sigma_{31} \\ \sigma_{12} & \sigma_{22} & \sigma_{32} \\ \sigma_{13} & \sigma_{23} & \sigma_{33} \end{bmatrix} \begin{pmatrix} n_1 \\ n_2 \\ n_3 \end{pmatrix} \tag{4.3.18}$$

응력 텐서에 대한 Cauchy의 추론은 응력 벡터 $t^{(n)}$을 표면에 수직하는 벡터 n과 관련을 맺게 하는 데 중요한 역할을 한다. 위에서 설명한 Cauchy의 응력에 관한 내용을 이해하였다면 이것은 임의의 방향을 가진 표면에서 작용하는 응력 벡터가 각 축의 방향으로의 응력 성분으로 표시될 수 있음을 의미한다.

예제 4.1

연속체내의 한 점에서 다음과 같은 응력이 작용하고 있다.

$$[\sigma_{ij}] = \begin{bmatrix} 5 & 1 & 0 \\ 1 & 2 & 0 \\ 0 & 0 & 3 \end{bmatrix}$$

응력이 작용하는 표면에 수직인 벡터 n이 다음과 같이 주어질 때 응력 벡터$t^{(n)}$을 계산하시오.

a) $n = \frac{1}{\sqrt{3}} e_1 + \frac{1}{\sqrt{3}} e_2 + \frac{1}{\sqrt{3}} e_3$

b) $n = \frac{1}{\sqrt{2}} e_1 + \frac{1}{\sqrt{2}} e_2$

문제 a)의 경우에서 응력 벡터는 다음과 같이 계산할 수 있다.

$$t^{(n)} = n \cdot \sigma = \sigma^T \cdot n$$

또는 행렬로 나타내면

$$\begin{pmatrix} t_1^{(n)} \\ t_1^{(n)} \\ t_1^{(n)} \end{pmatrix} = \begin{bmatrix} 5 & 1 & 0 \\ 1 & 2 & 0 \\ 0 & 0 & 3 \end{bmatrix} \begin{pmatrix} \frac{1}{\sqrt{3}} \\ \frac{1}{\sqrt{3}} \\ \frac{1}{\sqrt{3}} \end{pmatrix} = \begin{pmatrix} \frac{6}{\sqrt{3}} \\ \frac{3}{\sqrt{3}} \\ \frac{3}{\sqrt{3}} \end{pmatrix}$$

b)의 경우도 같은 방식으로 계산하면 다음과 같다.

$$\begin{pmatrix} t_1^{(n)} \\ t_1^{(n)} \\ t_1^{(n)} \end{pmatrix} = \begin{bmatrix} 5 & 1 & 0 \\ 1 & 2 & 0 \\ 0 & 0 & 3 \end{bmatrix} \begin{pmatrix} \frac{1}{\sqrt{2}} \\ \frac{1}{\sqrt{2}} \\ 0 \end{pmatrix} = \begin{pmatrix} \frac{6}{\sqrt{2}} \\ \frac{3}{\sqrt{2}} \\ 0 \end{pmatrix}$$

4.4 수직 응력과 전단 응력

응력 벡터 $t^{(n)}$은 일반적으로 표면과 수직을 이루지 않으므로 수직 성분과 전단 성분으로 나누어 질 수 있으며 표면과 직교하는 단위 벡터를 n, 표면과 평행하는 단위 벡터를 m이라 하면 직교하는 두개의 단위 베터의 내적은 $n \cdot m=0$이 된다. 수직과 전단의 두 성분의 응력을 사용하여 응력 벡터는 다음과 같이 표시될 수 있다.

$$t^{(n)} = \sigma_N n + \tau m \qquad (4.4.1)$$

또는

$$t_i^{(n)} = \sigma_N n_i + \tau m_i \qquad (4.4.2)$$

여기서 σ_N는 수직 응력(normal stress), τ는 전단 응력(shearing stress)이다. 응력 벡터 $\mathbf{t}^{(\mathrm{n})}$에서 수직 성분 σ_N를 추출하기 위해서 양변에 벡터 n을 내적하면 다음과 같다.

$$\sigma_N = \mathbf{t}^{(\mathrm{n})} \cdot \mathbf{n} = \mathbf{n} \cdot \boldsymbol{\sigma} \cdot \mathbf{n} \tag{4.4.3}$$

또는

$$\sigma_N = t_j^{(\mathrm{n})} n_j = \sigma_{ij} n_i n_j \tag{4.4.4}$$

여기서 $t_j^{(\mathrm{n})} = \sigma_{ij} n_i$ 이다. 이번에는 응력 벡터 $\mathbf{t}^{(\mathrm{n})}$에서 작용하는 표면과 평행한 성분 τ를 추출하기 위해서 표면과 평행한 벡터 m을 식(4.4.1)의 양변에서 내적하면 다음과 같다.

$$\tau = \mathbf{t}^{(n)} \cdot \mathbf{m} = \mathbf{n} \cdot \boldsymbol{\sigma} \cdot \mathbf{m} \tag{4.4.5}$$

또는

$$\tau = t_j^{(\mathrm{n})} m_j = \sigma_{ij} n_i m_j \tag{4.4.6}$$

응력 벡터 $\mathbf{t}^{(\mathrm{n})}$의 크기는 다음과 같이 계산할 수 있다.

$$|\mathbf{t}^{(\mathrm{n})}| = \sqrt{\mathbf{t}^{(\mathrm{n})} \cdot \mathbf{t}^{(\mathrm{n})}} = \sqrt{\sigma_N^2 + \tau^2} \tag{4.4.7}$$

전단 응력의 크기는 식(4.4.7)로부터 다음과 같이 주어진다.

$$\tau = \sqrt{|\mathbf{t}^{(\mathrm{n})}|^2 - \sigma_N^2} \tag{4.4.8}$$

응력 성분이 다음과 같이 주어질 때 수직응력 σ_N과 전단응력 τ를 계산하시오. 단, 벡터 성분은 $\mathrm{n}=(-1/\sqrt{2}, 0, 1/\sqrt{2})$, $\mathrm{m}=(-1/\sqrt{2}, 0, -1/\sqrt{2})$.

$$[\sigma_{ij}] = \begin{bmatrix} -3 & 2 & 0 \\ 2 & -1 & 0 \\ 0 & 0 & -5 \end{bmatrix}$$

수직응력은 $\sigma_N=\sigma_{ij}n_in_j$로 계산되며 행렬로 표시하면 다음과 같다.

$$\sigma_N = \mathrm{n}^{\mathrm{T}}\sigma\mathrm{n}=\begin{pmatrix} -\frac{1}{\sqrt{2}} & 0 & \frac{1}{\sqrt{2}} \end{pmatrix}\begin{bmatrix} -3 & 2 & 0 \\ 2 & -1 & 0 \\ 0 & 0 & -5 \end{bmatrix}\begin{pmatrix} -\frac{1}{\sqrt{2}} \\ 0 \\ \frac{1}{\sqrt{2}} \end{pmatrix} = -4$$

전단응력은 $\sigma_N=\sigma_{ij}n_im_j$로 계산되며 행렬로 표시하면 다음과 같다.

$$\tau = \mathrm{n}^{\mathrm{T}}\sigma\mathrm{m}=\begin{pmatrix} -\frac{1}{\sqrt{2}} & 0 & \frac{1}{\sqrt{2}} \end{pmatrix}\begin{bmatrix} -3 & 2 & 0 \\ 2 & -1 & 0 \\ 0 & 0 & -5 \end{bmatrix}\begin{pmatrix} -\frac{1}{\sqrt{2}} \\ 0 \\ -\frac{1}{\sqrt{2}} \end{pmatrix} = 1$$

위의 결과로부터 응력 벡터는 다음과 같이 주어진다.

$$\mathrm{t}^{(n)} = -4\,\mathrm{n}+\mathrm{m}$$

4.5 주응력(principal stress)

일반적으로 응력 벡터 $\mathbf{t}^{(\mathbf{n})}$는 표면과 수직한 방향의 벡터 **n**과 같은 방향으로 작용하고 있지는 않다. 만일 응력 벡터가 작용하는 방향과 표면과 수직인 방향이 일치한다면, 즉, 응력 벡터와 단위 수직 벡터의 방향이 일치할 때의 응력 σ를 주응력(principal stress)이라고 응력 벡터와의 관계를 다음 식으로 나타낼 수 있다.

$$\mathbf{t}^{(\mathbf{n})} = \sigma \mathbf{n} \tag{4.5.1}$$

또는

$$t_i^{(n)} = \sigma n_i \tag{4.5.2}$$

식(4.5.2)와 식(4.3.14)를 같이 놓고 $n_i=\delta_{ij}n_j$를 적용하면 다음과 같다.

$$(\sigma_{ij} - \sigma\delta_{ij})n_j = 0 \tag{4.5.3}$$

또는

$$(\boldsymbol{\sigma} - \sigma \mathbf{I}) \cdot \mathbf{n} = 0 \tag{4.5.4}$$

식(4.5.4)를 만족하는 해 중의 하나는 **n**=0이나 유용한 결과를 주지 못하므로 주어진 방정식에서 주응력 σ와 해당하는 방향을 가리키는 벡터 **n**을 구해야 한다. 식(4.5.4)에서 주어진 방정식이 해를 가지기 위해서는 det($\boldsymbol{\sigma}$-σI)=0의 조건이 반드시 만족되어야 하므로 다음과 같이 행렬 성분으로 나타낼 수 있다.

$$|\sigma_{ij}-\sigma\delta_{ij}| = \begin{vmatrix} \sigma_{11}-\sigma & \sigma_{12} & \sigma_{13} \\ \sigma_{21} & \sigma_{22}-\sigma & \sigma_{23} \\ \sigma_{31} & \sigma_{32} & \sigma_{33}-\sigma \end{vmatrix} = 0 \qquad (4.5.5)$$

식(4.5.5)를 전개하여 주응력 σ에 대한 3차 방정식으로 만들면 다음과 같다.

$$\sigma^3 - I_1\sigma^2 + I_2\sigma - I_3 = 0 \qquad (4.5.6)$$

여기서 I_1, I_2, I_3는 응력의 불변량(invariant)으로 각각 다음과 같이 정의된다.

$$I_1 = tr(\boldsymbol{\sigma}) = \sigma_{kk} = \sigma_{11} + \sigma_{22} + \sigma_{33} \qquad (4.5.7)$$

$$\begin{aligned} I_2 &= \frac{1}{2}\{(\mathrm{tr}(\boldsymbol{\sigma}))^2 - \mathrm{tr}(\boldsymbol{\sigma}^2)\} \\ &= \frac{1}{2}(\sigma_{ii}\sigma_{jj} - \sigma_{ij}\sigma_{ij}) \\ &= \sigma_{11}\sigma_{22} + \sigma_{22}\sigma_{33} + \sigma_{11}\sigma_{33} - \sigma_{12}^2 - \sigma_{13}^2 - \sigma_{23}^2 \end{aligned} \qquad (4.5.8)$$

$$I_3 = \det(\boldsymbol{\sigma}) = e_{ijk}\sigma_{i1}\sigma_{j2}\sigma_{k3} = \begin{vmatrix} \sigma_{11} & \sigma_{12} & \sigma_{13} \\ \sigma_{21} & \sigma_{22} & \sigma_{23} \\ \sigma_{31} & \sigma_{32} & \sigma_{33} \end{vmatrix} \qquad (4.5.9)$$

주응력 σ에 대한 식(4.5.6)에서 3개의 주응력을 얻게 되는데 각각의 크기를 비교하여 순서대로 $\sigma_1, \sigma_2, \sigma_3$로 나타낸다. 주응력이 정의되는 평면의 방향은 응력 텐서와 그 표면에서의 수직 벡터가 동일한 방향이라는 것을 의미하므로 식(4.3.14)를 참조하여 다음과 같이 쓸 수 있다.

$$t_1^{(n)} = \sigma_1 n_1, \qquad t_2^{(n)} = \sigma_2 n_2, \qquad t_3^{(n)} = \sigma_3 n_3 \tag{4.5.10}$$

여기서 n_1, n_2, n_3는 주평면(principal planes)에 수직인 벡터 n의 각 좌표축 방향의 성분이다. 주응력이 작용하고 있는 주평면 방향을 알기 위해서는 다음 식으로 해당되는 고유값에 대한 n_1, n_2, n_3을 계산해야 한다.

$$(\sigma_{ij} - \sigma\delta_{ij})n_j = 0 \tag{4.5.11}$$

식(4.5.11)을 행렬로 표시하면 다음과 같다.

$$\left(\begin{bmatrix}\sigma_{11} & \sigma_{12} & \sigma_{13} \\ \sigma_{21} & \sigma_{22} & \sigma_{23} \\ \sigma_{31} & \sigma_{32} & \sigma_{33}\end{bmatrix} - \begin{bmatrix}\sigma & 0 & 0 \\ 0 & \sigma & 0 \\ 0 & 0 & \sigma\end{bmatrix}\right)\begin{pmatrix}n_1^{(j)} \\ n_2^{(j)} \\ n_3^{(j)}\end{pmatrix} = 0 \tag{4.5.12}$$

여기서 $n_1^{(j)}, n_2^{(j)}, n_3^{(j)}$에서는 j=1,2,3으로 전개하게 되어 식(4.5.12)는 각 주응력 마다 3개의 방정식을 갖게 되므로 모두 9개의 방정식이 된다. 예를 들어, 주응력 σ_1에 해당하는 주평면 방향에 대한 관계식은 식(4.5.12)로부터 다음과 같이 전개하여 나타낼 수 있다.

$$\begin{aligned}(\sigma_{11} - \sigma_1)n_1^{(1)} + \sigma_{12}n_2^{(1)} + \sigma_{13}n_3^{(1)} &= 0 \\ \sigma_{21}n_1^{(1)} + (\sigma_{11} - \sigma_1)n_2^{(1)} + \sigma_{23}n_3^{(1)} &= 0 \\ \sigma_{31}n_1^{(1)} + \sigma_{32}n_2^{(1)} + (\sigma_{33} - \sigma_1)n_3^{(1)} &= 0\end{aligned} \tag{4.5.13}$$

여기서 유의할 점은 식(4.5.13)에서 구한 $n_1^{(1)}, n_2^{(1)}, n_3^{(1)}$은 주응력 σ_1에 해당하는 것이며, 다른 주응력 σ_2, σ_3에 대하여는 해당되는 주응력을 식(4.5.11)에 대입하여 주평면 방향을 구해야 한다는 것이다. 결론적으로 주평면의 방향이 정해지면 그 평면에서는 응력 벡터가 수직 벡터와 같은 방향으로 작용하게 되므로 평면과 평행하는 성분은 존재하지 않게 되어 응력 텐서 성분은 다음과 같이 표시할 수 있다.

$$[\sigma_{ij}] = \begin{bmatrix} \sigma_1 & 0 & 0 \\ 0 & \sigma_2 & 0 \\ 0 & 0 & \sigma_3 \end{bmatrix} \tag{4.5.14}$$

4.6 일탈 응력과 구형 응력

유체역학이나 소성(plasticity) 이론에서는 다루는 데 있어서 응력을 다음과 같이 구형 응력(spherical stress) σ^{sph}과 일탈 응력(deviatoric stress) σ^{dev}의 합으로 나타내는 경우가 많다.

$$\boldsymbol{\sigma} = \boldsymbol{\sigma}^{\text{sph}} + \boldsymbol{\sigma}^{\text{dev}} \tag{4.6.1}$$

구형 응력은 체적의 변화와 관련이 있으며 일탈 응력은 형상의 변화와 연관된다. 예를 들어, 소성 이론에서는 체적의 변화가 없는 비압축성의 변형을 기본으로 하게 되는데 재료의 결정 구조상 형상이 변화되는 일탈 응력이 주요 관심사가 된다. 구형 응력은 다음과 같이 수직 응력의 합의 평균으로 정의된다.

$$\boldsymbol{\sigma}^{\text{sph}} = \frac{1}{3}\text{tr}(\boldsymbol{\sigma})\text{I} \tag{4.6.2}$$

또는

$$\sigma_{ij}^{sph} = \frac{1}{3}\sigma_{kk}\delta_{ij} = \frac{1}{3}(\sigma_{11} + \sigma_{22} + \sigma_{33})\delta_{ij} \tag{4.6.3}$$

연속체에 작용하는 응력이 $\sigma_{11}=\sigma_{22}=\sigma_{33}=-p$, $\sigma_{12}=\sigma_{23}=\sigma_{13}=0$ 과 같이 주어질 때 구형 응력 σ^{sph}는 식(4.6.2)로부터 다음과 같이 계산된다.

$$\boldsymbol{\sigma}^{\text{sph}} = \frac{1}{3}\text{tr}(\boldsymbol{\sigma})\text{I} = -p\text{I} \qquad (4.6.4)$$

또는

$$\sigma_{ij}^{sph} = \frac{1}{3}\sigma_{kk}\delta_{ij} = -p\delta_{ij} \qquad (4.6.5)$$

정수압(hydrostatic pressure) p는 수직 응력 또는 불변량 I_1으로 다음과 같이 나타낼 수 있다.

$$p = -\frac{1}{3}\text{tr}(\boldsymbol{\sigma}) = -\frac{1}{3}(\sigma_1+\sigma_2+\sigma_3) = -\frac{1}{3}I_1 \qquad (4.6.6)$$

결과적으로 일탈 응력(deviatoric stress)은 식(4.6.1)로부터 다음과 같음을 알 수 있다.

$$\boldsymbol{\sigma}^{\text{dev}} = \boldsymbol{\sigma} - \boldsymbol{\sigma}^{\text{sph}} = \boldsymbol{\sigma} - \frac{1}{3}\text{tr}(\boldsymbol{\sigma})\text{I} \qquad (4.6.7)$$

또는

$$\sigma_{ij}^{dev} = \sigma_{ij} - \frac{1}{3}\sigma_{kk}\delta_{ij} \qquad (4.6.8)$$

다음에 주어진 응력 성분을 사용하여 일탈 응력 텐서의 성분을 구하시오.

$$[\sigma_{ij}] = \begin{bmatrix} -3 & 2 & 0 \\ 2 & -1 & 0 \\ 0 & 0 & -5 \end{bmatrix}$$

주어진 응력 성분에 대한 대각합은 다음과 같다.

$$\mathrm{tr}(\boldsymbol{\sigma}) = \sigma_{kk} = \sigma_{11} + \sigma_{22} + \sigma_{33} = -3-1-5 = -9$$

일탈 응력의 성분은 다음과 같이 얻어진다.

$$[\sigma_{ij}^{dev}] = \begin{bmatrix} -3 & 2 & 0 \\ 2 & -1 & 0 \\ 0 & 0 & -5 \end{bmatrix} - \frac{1}{3}(-9)\begin{bmatrix} 1 & 0 & 0 \\ 0 & 1 & 0 \\ 0 & 0 & 1 \end{bmatrix} = \begin{bmatrix} 0 & 2 & 0 \\ 2 & 2 & 0 \\ 0 & 0 & -2 \end{bmatrix}$$

연습문제

1 표면력(surface force)과 체력(body force)은 무엇인가?

2 응력 벡터(stress vector)는 무엇인가?

3 응력 텐서는 무엇이며 어떤 역할을 하는가?

4 주응력(principal stress)은 어떻게 계산하는가?

5 일탈 응력(deviatoric stress)은 무엇인가?

6 연속체내의 한 점 P에서 다음과 같은 응력이 작용하고 있다.

$$[\sigma_{ij}] = \begin{bmatrix} -3 & 2 & 1 \\ 2 & -1 & 7 \\ 1 & 7 & -1 \end{bmatrix}$$

응력이 작용하는 표면에 수직인 벡터 n이 다음과 같이 주어질 때 응력 벡터 $t^{(n)}$을 계산하시오.

a) $n = \frac{1}{\sqrt{2}} e_2 + \frac{1}{\sqrt{2}} e_3$

b) $n = \frac{1}{\sqrt{2}} e_1 + \frac{1}{\sqrt{2}} e_2$

c) $n = \frac{1}{\sqrt{3}} e_1 + \frac{1}{\sqrt{3}} e_2 + \frac{1}{\sqrt{3}} e_3$

7 응력 성분이 다음과 같이 주어질 때 다음의 질문에 답하시오.

$$[\sigma_{ij}] = \begin{bmatrix} 30 & 20 & 10 \\ 20 & 10 & 70 \\ 10 & 70 & 10 \end{bmatrix}$$

a) 대각합 $\mathrm{tr}(\sigma) = \sigma_{kk}$을 계산하시오.

b) 구형 응력 텐서 σ^{sph}의 성분을 구하시오.

c) 일탈 응력 텐서 σ^{dev}의 성분을 구하시오.

8 연속체 내의 한 점에서 응력 성분이 다음과 같이 주어질 때 다음의 질문에 답하시오.

$$[\sigma_{ij}] = \begin{bmatrix} 3 & 2 & 1 \\ 2 & 1 & 7 \\ 1 & 7 & 1 \end{bmatrix}$$

1) 불변량 I_1을 구하시오.

2) 불변량 I_2을 구하시오.

3) 불변량 I_3을 구하시오.

4) σ에 대한 3차 방정식을 구성하고 주응력을 계산하시오.

9 연속체 내의 한 점에서 응력 성분이 다음과 같이 주어질 때 다음의 질문에 답하시오.

$$[\sigma_{ij}] = \begin{bmatrix} 3 & 0 & 1 \\ 0 & 1 & 2 \\ 1 & 2 & 1 \end{bmatrix}$$

1) 불변량 I_1을 구하시오.

2) 불변량 I_2을 구하시오.

3) 불변량 I_3을 구하시오.

4) σ에 대한 3차 방정식을 구성하고 주응력을 계산하시오.

10 연속체 내의 한 점에서 응력 성분이 다음과 같이 주어질 때 다음의 질문에 답하시오.

$$[\sigma_{ij}] = \begin{bmatrix} 1\,0\,0 \\ 0\,1\,0 \\ 0\,0\,1 \end{bmatrix}$$

1) 불변량 I_1을 구하시오.

2) 불변량 I_2을 구하시오.

3) 불변량 I_3을 구하시오.

4) σ에 대한 3차 방정식을 구성하고 주응력을 계산하시오.

11 연속체 내의 한 점에서 응력 성분이 다음과 같이 주어질 때 다음의 질문에 답하시오.

$$[\sigma_{ij}] = \begin{bmatrix} 3\,0\,1 \\ 0\,1\,2 \\ 1\,2\,1 \end{bmatrix}$$

1) 불변량 I_1을 구하시오.

2) 불변량 I_2을 구하시오.

3) 불변량 I_3을 구하시오.

4) σ에 대한 3차 방정식을 구성하고 주응력을 계산하시오.

12 연속체 내의 한 점에서 2차 Piola-Kirchhoff 응력 텐서 S의 응력 성분이 다음과 같이 주어질 때 다음의 질문에 답하시오.

$$[\sigma_{ij}] = \begin{bmatrix} 3 & 0 & 1 \\ 0 & 1 & 0 \\ 1 & 0 & 1 \end{bmatrix}$$

1) 불변량 I_1을 구하시오.

2) 불변량 I_2을 구하시오.

3) 불변량 I_3을 구하시오.

4) σ에 대한 3차 방정식을 구성하고 주응력을 계산하시오.

13 응력 성분이 다음과 같이 주어질 때 다음 질문에 답하시오.

$$[\sigma_{ij}] = \begin{bmatrix} 3 & 2 & 1 \\ 2 & 1 & 7 \\ 1 & 7 & 1 \end{bmatrix}$$

1) 불변량 I_1을 구하시오.

2) 불변량 I_2을 구하시오.

3) 불변량 I_3을 구하시오.

4) σ에 대한 3차 방정식을 구성하고 주응력을 계산하시오.

14 응력 성분이 다음과 같이 주어질 때 다음 질문에 답하시오.

$$[\sigma_{ij}] = \begin{bmatrix} 100 & 0 & 0 \\ 0 & 20 & 0 \\ 0 & 0 & 5 \end{bmatrix}$$

1) 불변량 I_1을 구하시오.

2) 불변량 I_2을 구하시오.

3) 불변량 I_3을 구하시오.

4) σ에 대한 3차 방정식을 구성하고 주응력을 계산하시오.

15 응력 성분이 다음과 같이 주어질 때 수직 응력 σ_N과 전단 응력 τ를 계산하시오.

$$[\sigma_{ij}] = \begin{bmatrix} -3 & 2 & 1 \\ 2 & -1 & 7 \\ 1 & 7 & -1 \end{bmatrix}$$

단, 표면과 수직인 벡터 n과 평행한 벡터 m은 각각 다음과 같이 주어진다.

$$\mathrm{n} = \frac{1}{\sqrt{2}}\mathrm{e}_1 + \frac{1}{\sqrt{2}}\mathrm{e}_3, \qquad \mathrm{m} = \frac{1}{\sqrt{2}}\mathrm{e}_1 - \frac{1}{\sqrt{2}}\mathrm{e}_3$$

제5장 보존 법칙(Conservation Laws)

5.1 보존 법칙의 종류

연속체 역학에서 다루는 고체와 유체는 모두 이상적인 경우를 가정한 것이므로 연속체를 실제 재료의 역학적 거동과 근사시키기 위해서는 검증된 물리적 법칙을 따르는 것이 필수적이다. 연속체는 질량 보존 법칙(conservation of mass), 선형 운동량 보존 법칙(conservation of linear momentum), 각 운동량 보존 법칙(conservation of angular momentum), 에너지 보존 법칙(conservation of energy), 열역학 제2법칙(second law of thermodynamics) 등의 다섯 가지 종류의 법칙을 기본적으로 만족해야 한다.

5.2 질량 보존 법칙

질량 보존 법칙은 모든 과정을 통해서 질량은 생성되거나 소멸되는 등의 변화는 없으며 동일함을 의미한다. 연속체의 미소 체적 dv에서 연속적인 값을 갖는 밀도 ρ와 질량 dm의 관계식은 다음과 같이 주어진다.

$$dm = \rho dv \qquad (5.2.1)$$

전체 체적에 대한 질량 m은 다음과 같이 주어진다.

$$m = \int_v \rho \ dv \qquad (5.2.2)$$

연속체 표면의 한 점에서의 미소 면적 da를 고려하고 그 표면에 수직인 단위 벡터를 n이라 하자. 이때 그 표면을 통하여 v의 속도로 질량이 유출되고 있다고 하면 전체 면석을 통한 난위 시간당의 유출량은 다음과 같이 계산할 수 있다.

$$\text{유출량} = \int_a \rho \mathrm{v} \cdot \mathrm{n}\, da \tag{5.2.3}$$

식(5.2.3)은 Green의 발산 정리를 사용하면 다음과 같이 체적 적분으로 변환할 수 있다.

$$\int_a \rho \mathrm{v} \cdot \mathrm{n}\, da = \int_v \nabla \cdot (\rho \mathrm{v})\, dv \tag{5.2.4}$$

한편, 시간의 변화에 따른 질량의 변화율은 식(5.2.1)로부터 다음과 같이 쓸 수 있다.

$$\frac{\partial m}{\partial t} = \int_v \frac{\partial \rho}{\partial t} dv \tag{5.2.5}$$

주어진 체적에서의 질량의 변화율은 질량 보존의 법칙에 의하여 질량이 생성되거나 사라질 수 없으므로 표면에서의 유출량과 동일하여야하기 때문에 질량의 변화량과 유출량은 서로 반대 부호를 갖게 되며 식(5.2.4)와 식(5.2.5)로부터 다음과 같이 표시할 수 있다.

$$\int_v \frac{\partial \rho}{\partial t} dv = -\int_v \nabla \cdot (\rho \mathrm{v})\, dv \tag{5.2.6}$$

식(5.2.6)의 항들을 적분내로 통합하여 표시하면 다음과 같다.

$$\int_v \left\{ \frac{\partial \rho}{\partial t} + \nabla \cdot (\rho \mathrm{v}) \right\} dv = 0 \tag{5.2.7}$$

식(5.2.7)에서 적분 내의 식은 dv에 관계없이 주어진 방정식을 만족해야 하므로 다음과 같이 쓸 수 있으며 이를 질량 보존 방정식(mass conservation equation)이라 한다.

$$\frac{\partial \rho}{\partial t} + \nabla \cdot (\rho \mathrm{v}) = 0 \tag{5.2.8}$$

또는

$$\frac{\partial \rho}{\partial t} + (\rho v_i)_{,i} = 0 \tag{5.2.9}$$

식(5.2.8)에서 좌변의 발산 항을 전개하며 표시하면 다음과 같다.

$$\frac{\partial \rho}{\partial t} + \mathrm{v} \cdot \nabla \rho + \rho \nabla \cdot \mathrm{v} = 0 \tag{5.2.10}$$

식(5.2.10)의 좌변을 물질 시간 미분으로 바꾸면 다음과 같이 쓸 수 있다.

$$\frac{D\rho}{Dt} + \rho(\nabla \cdot \mathrm{v}) = 0 \tag{5.2.11}$$

또는

$$\frac{D\rho}{Dt} + \rho v_{i,i} = 0 \tag{5.2.12}$$

식(5.2.12)를 지수에 대하여 전개하여 표시하면 다음과 같다.

$$\frac{D\rho}{Dt}+\rho\left(\frac{\partial v_1}{\partial x_1}+\frac{\partial v_2}{\partial x_2}+\frac{\partial v_3}{\partial x_3}\right)=0 \qquad (5.2.13)$$

만일 연속체가 비압축성(incompressible)의 성질을 갖는다면, 변형 전과 변형 후에 밀도는 동일한 값을 가지게 되므로 $D\rho/Dt=0$이 되어 식(5.2.13)은 다음과 같이 쓸 수 있으며 이를 연속 방정식(continuity equation)이라고 한다.

$$\nabla \cdot \mathbf{v}=0 \qquad (5.2.14)$$

또는

$$v_{i,i}=v_{1,1}+v_{2,2}+v_{3,3}=0 \qquad (5.2.15)$$

연속 방정식을 Cartesian 좌표로 나타내면 다음과 같다.

$$\frac{\partial v_1}{\partial x_1}+\frac{\partial v_2}{\partial x_2}+\frac{\partial v_3}{\partial x_3}=0 \qquad (5.2.16)$$

연속 방정식을 원통 좌표로 표시하면 다음과 같다.

$$\frac{\partial v_r}{\partial r}+\frac{1}{r}\left(\frac{\partial v_\theta}{\partial \theta}+v_r\right)+\frac{\partial v_z}{\partial z}=0 \qquad (5.2.17)$$

5.3 Reynolds 운반 정리

공간 좌표로 표시된 물리량, 예를 들어, 밀도 $\rho(\mathrm{x},t)$에 대한 물질 시간 미분을 다음과 같이 수행해보기로 한다.

$$\frac{D}{Dt}\int_{v}\rho(\mathrm{x},t)\,dv \tag{5.3.1}$$

위의 물질 시간 미분은 직접적으로 실행될 수 없는 데 그 이유는 미분과 적분이 각각 적용되는 관점의 영역이 다르기 때문이다. 즉, 적분 식은 공간에서의 임의의 점 x와 임의의 시간 t에서 정의된 반면, 물질 시간 미분은 특정한 질점 X에 대하여 정의된 것이기 때문이다. 따라서 물질 시간 미분을 수행하기 위한 첫 번째 단계는 식(5.3.1)을 물질 좌표로 표시되게끔 다음과 같이 수정하는 일이다.

$$\frac{D}{Dt}\int_{v}\rho(\mathrm{x},t)\,dv=\frac{D}{Dt}\int_{V}\rho(\mathrm{x}(X,t),t)JdV \tag{5.3.2}$$

여기서 $dv=JdV$을 적용하였다. 식(5.3.2)에서 모든 식의 내용이 물질 좌표로 표시되었으므로 물질 미분을 다음과 같이 수행할 수 있게 된다.

$$\begin{aligned}\frac{D}{Dt}\int_{V}\rho(\mathrm{x}(X,t),t)JdV&=\int_{V}\left(\frac{D\rho}{Dt}J+\rho\frac{DJ}{Dt}\right)dV\\&=\int_{V}\left\{\frac{D\rho}{Dt}+\rho(\nabla\cdot\mathrm{v})\right\}JdV\\&=\int_{v}\left\{\frac{D\rho}{Dt}+\rho(\nabla\cdot\mathrm{v})\right\}dv\end{aligned} \tag{5.3.3}$$

여기서 식(3.9.5)를 참조하여 $DJ/Dt = J(\nabla \cdot \mathrm{v})$를 적용하였다. 식(5.3.2)와 (5.3.3)을 동치하면 다음과 같은 결과를 얻게 된다.

$$\frac{D}{Dt}\int_v \rho dv = \int_v \left\{ \frac{D\rho}{Dt} + \rho(\nabla \cdot \mathrm{v}) \right\} dv \qquad (5.3.4)$$

또는

$$\frac{D}{Dt}\int_v \rho dv = \int_v \left(\frac{D\rho}{Dt} + \rho v_{k,k} \right) dv \qquad (5.3.5)$$

한편, 식(5.3.5)의 우변에서 물질 시간 미분 식을 전개하여 표시하면

$$\begin{aligned} \frac{D}{Dt}\int_v \rho dv &= \int_v \left\{ \frac{D\rho}{Dt} + \rho(\nabla \cdot \mathrm{v}) \right\} dv \\ &= \int_v \left\{ \frac{\partial \rho}{\partial t} + \mathrm{v} \cdot \nabla\rho + \rho(\nabla \cdot \mathrm{v}) \right\} dv \\ &= \int_v \left\{ \frac{\partial \rho}{\partial t} + \nabla \cdot (\rho \mathrm{v}) \right\} dv \end{aligned} \qquad (5.3.6)$$

또는

$$\frac{D}{Dt}\int_v \rho dv = \int_v \left\{ \frac{\partial \rho}{\partial t} + (\rho v_k)_{,k} \right\} dv \qquad (5.3.7)$$

식(5.3.6)의 우변에서 두 번째 항에 대하여 Green의 발산 정리를 적용하면 다음과 같은 식을 얻을 수 있으며 이를 Reynolds의 운반 정리(Reynolds transport theorem)이라고 한다.

$$\frac{D}{Dt}\int_v \phi\, dv = \int_v \frac{\partial \phi}{\partial t}\, dv + \int_a \phi \mathbf{v} \cdot \mathbf{n}\, da \qquad (5.3.8)$$

또는

$$\frac{D}{Dt}\int_v \phi\, dv = \int_v \frac{\partial \phi}{\partial t}\, dv + \int_a \phi v_i n_i\, da \qquad (5.3.9)$$

여기서 ϕ는 임의의 스칼라 물리량이다. 식(5.3.8)의 우변에서 첫 번째 항은 체적 v에서 물리량 ϕ의 시간에 대한 국지적인 변화이며 두 번째 항은 미소 면적 da를 통해서 나가는 방향으로 운반되는 $\phi\mathbf{v}$의 변화율을 의미한다.

5.4 질량 보존 방정식의 다른 유도 방법

질량 보존 방정식은 다른 방법으로도 유도할 수 있는데 여기서는 공간 좌표로 표시된 밀도 함수를 사용하여 방정식을 유도하는 방법에 대하여 알아보기로 한다. 질량 보존의 내용은 다음과 같이 주어진다.

$$\frac{Dm}{Dt} = \frac{D}{Dt}\int_v \rho(\mathbf{x},t)\, dv = 0 \qquad (5.4.1)$$

식(5.4.1)의 우변에서 밀도 $\rho(\mathbf{x},t)$에 대한 물질 시간 미분은 식(5.3.6)과 동일하므로 다음과 같이 표시할 수 있다.

$$\frac{Dm}{Dt} = \int_v \left\{\frac{\partial \rho}{\partial t} + \nabla \cdot (\rho \mathbf{v})\right\} \mathrm{dv} = 0 \qquad (5.4.2)$$

또한, 식(5.4.2)에서 적분식은 모든 체적 요소에 대하여 성립되어야 하므로

$$\frac{\partial \rho}{\partial t} + \nabla \cdot (\rho \mathrm{v}) = 0 \qquad (5.4.3)$$

또는

$$\frac{\partial \rho}{\partial t} + (\rho v_k)_{,k} = 0 \qquad (5.4.34)$$

Cartesian 좌표로 표시하면 다음과 같다.

$$\frac{\partial \rho}{\partial t} + \frac{\partial (\rho v_1)}{\partial x_1} + \frac{\partial (\rho v_2)}{\partial x_2} + \frac{\partial (\rho v_3)}{\partial x_3} = 0 \qquad (5.4.5)$$

5.5 선형 운동량 보존 법칙

운동량은 질량과 속도의 곱으로 정의되며 선형 운동량 보존(conservation of linear momentum)의 법칙이 의미하는 바는 연속체에서 임의의 질점들의 운동량의 변화는 그 질점들에 작용하는 모든 힘의 합과 같다는 것이다. 임의의 미소 체적 dv에 속한 질점의 속도가 v라고 할 때, 주어진 연속체에서의 전체 운동량은 다음과 같이 주어진다.

$$\text{운동량} = \int_v \rho \mathrm{v}\, dv \qquad (5.5.1)$$

연속체에 영향을 미치는 힘은 표면력 $\mathrm{t}^{(n)}$과 체력 b의 합으로 정의할 수 있으

므로 각각의 영역을 고려하여 운동량에 대한 식으로 표시하면 다음과 같이 쓸 수 있다.

$$\frac{D}{Dt}\int_v \rho \mathrm{v}\, dv = \int_a \mathrm{t}^{(\mathrm{n})} da + \int_v \rho \mathrm{b} dv \qquad (5.5.2)$$

또는

$$\frac{D}{Dt}\int_v \rho v_i\, dv = \int_a t_i^{(n)} da + \int_v \rho b_i\, dv \qquad (5.5.3)$$

여기서 식(5.5.2)의 좌변이 의미하는 것은 운동량의 변화이며, 우변의 첫 번째 항은 표면력, 두 번째 항은 체력을 표시하고 있다. 한편, 식(5.5.2)의 좌변에서 주어진 운동량의 미분은 식(5.3.4)의 결과를 적용하여 다음과 같이 쓸 수 있다.

$$\begin{aligned}\frac{D}{Dt}\int_v \rho \mathrm{v}\, dv &= \int_v \left\{\frac{D(\rho \mathrm{v})}{Dt} + \rho \mathrm{v}\,(\nabla \cdot \mathrm{v})\right\} dv \\ &= \int_v \left\{\rho \frac{D\mathrm{v}}{Dt} + \frac{D\rho}{Dt}\mathrm{v} + \rho \mathrm{v}\,(\nabla \cdot \mathrm{v})\right\} dv \\ &= \int_v \left\{\rho \frac{D\mathrm{v}}{Dt} + \mathrm{v}\left[\frac{D\rho}{Dt} + \rho\,(\nabla \cdot \mathrm{v})\right]\right\} dv \\ &= \int_v \rho \frac{D\mathrm{v}}{Dt}\, dv\end{aligned} \qquad (5.5.4)$$

여기서 식(5.5.4)의 마지막 결과를 얻기 직전에 식(5.2.11)의 질량 보존 방정식의 결과를 적용하였다. 이번에는 식(5.5.2)의 우변에 있는 두 항을 고려해보기로 한다. 식(5.5.2)에서의 표면력은 Green 정리와 Cauchy의 공식에 의하여 체적 적분의 항으로 다음과 같이 변환된다.

$$\int_a \mathbf{t}^{(\mathbf{n})} da = \int_a \mathbf{n} \cdot \boldsymbol{\sigma}\, da = \int_v \nabla \cdot \boldsymbol{\sigma}\, dv \tag{5.5.5}$$

또는

$$\int_a t_j^{(n)} da = \int_a n_i \sigma_{ij}\, da = \int_v \sigma_{ij,i}\, dv \tag{5.5.6}$$

식(5.5.2)에 식(5.5.5)를 대입하고 식(5.5.4)의 결과를 적용한 후 정리하면 다음과 같은 식을 얻는다.

$$\int_v \left(\rho \frac{D\mathbf{v}}{Dt} - \nabla \cdot \boldsymbol{\sigma} - \rho \mathbf{b} \right) dv = 0 \tag{5.5.7}$$

그리고 식(5.5.7)은 임의의 체적 *dv*에 대하여 성립되어야 하므로 최종적으로 선형 운동량 보존 방정식은 다음과 같이 주어진다.

$$\rho \frac{D\mathbf{v}}{Dt} = \nabla \cdot \boldsymbol{\sigma} + \rho \mathbf{b} \tag{5.5.8}$$

또는

$$\rho \frac{Dv_j}{Dt} = \sigma_{ij,i} + \rho b_j \tag{5.5.9}$$

선형 운동량 보존 방정식은 Cartesian 좌표로 표시하면 다음과 같이 주어진다.

$$\begin{aligned} \rho \frac{Dv_1}{Dt} &= \frac{\partial \sigma_{11}}{\partial x_1} + \frac{\partial \sigma_{21}}{\partial x_2} + \frac{\partial \sigma_{31}}{\partial x_3} + \rho b_1 \\ \rho \frac{Dv_2}{Dt} &= \frac{\partial \sigma_{12}}{\partial x_1} + \frac{\partial \sigma_{22}}{\partial x_2} + \frac{\partial \sigma_{32}}{\partial x_3} + \rho b_2 \end{aligned} \tag{5.5.10}$$

$$\rho\frac{Dv_3}{Dt}=\frac{\partial\sigma_{13}}{\partial x_1}+\frac{\partial\sigma_{23}}{\partial x_2}+\frac{\partial\sigma_{33}}{\partial x_3}+\rho b_3$$

원통 좌표로 표시된 선형 운동량 보존 방정식은 다음과 같다.

$$\begin{aligned}\rho\frac{Dv_r}{Dt}&=\frac{\partial\sigma_{rr}}{\partial r}+\frac{1}{r}\frac{\partial\sigma_{r\theta}}{\partial\theta}+\frac{\partial\sigma_{rz}}{\partial z}+\frac{1}{r}(\sigma_{rr}-\sigma_{\theta\theta})+\rho b_r\\ \rho\frac{Dv_\theta}{Dt}&=\frac{\partial\sigma_{r\theta}}{\partial r}+\frac{1}{r}\frac{\partial\sigma_{\theta\theta}}{\partial\theta}+\frac{\partial\sigma_{\theta z}}{\partial z}+\frac{2}{r}\sigma_{r\theta}+\rho b_\theta\\ \rho\frac{Dv_z}{Dt}&=\frac{\partial\sigma_{zr}}{\partial r}+\frac{1}{r}\frac{\partial\sigma_{z\theta}}{\partial\theta}+\frac{\partial\sigma_{zz}}{\partial z}+\frac{1}{r}\sigma_{zr}+\rho b_z\end{aligned}\qquad(5.5.11)$$

식(5.5.8)에서 시간에 무관한 정적인 상태를 가정하면 좌변에 있는 시간에 대한 미분 항은 사라지므로 다음과 같은 식을 얻으며 이를 평형 방정식(equilibrium equation)이라 한다.

$$\nabla\bullet\sigma+\rho\mathrm{b}=0\qquad(5.5.12)$$

또는

$$\sigma_{ij,i}+\rho b_j=0\qquad(5.5.13)$$

평형 방정식은 Cartesian 좌표로 표시하면 다음과 같이 주어진다.

$$\begin{aligned}\frac{\partial\sigma_{11}}{\partial x_1}+\frac{\partial\sigma_{21}}{\partial x_2}+\frac{\partial\sigma_{31}}{\partial x_3}+\rho b_1&=0\\ \frac{\partial\sigma_{12}}{\partial x_1}+\frac{\partial\sigma_{22}}{\partial x_2}+\frac{\partial\sigma_{32}}{\partial x_3}+\rho b_2&=0\\ \frac{\partial\sigma_{13}}{\partial x_1}+\frac{\partial\sigma_{23}}{\partial x_2}+\frac{\partial\sigma_{33}}{\partial x_3}+\rho b_3&=0\end{aligned}\qquad(5.5.14)$$

5.6 각 운동량 보존 법칙

각 운동량 보존(conservation of angular momentum) 법칙은 변형 중에 있는 연속체에서의 운동량에 대한 모멘트의 시간에 대한 변화는 각 표면에서 작용하고 있는 표면력에 의한 모멘트와 체력에 의하여 발생되는 모멘트와의 합과 같다는 의미로 정의되며 식으로는 다음과 같이 표시할 수 있다.

$$\frac{D}{Dt}\int_v \mathbf{x}\times\rho\mathbf{v}\,dv=\int_a \mathbf{x}\times\mathbf{t}^{(\mathrm{n})}\,da+\int_v \mathbf{x}\times\rho\mathbf{b}\,dv \tag{5.6.1}$$

또는

$$\int_v \rho e_{ijk}x_j\frac{Dv_k}{Dt}\,dv=\int_a e_{ijk}x_j t_k^{(n)}\,da+\int_v \rho e_{ijk}x_j b_k\,dv \tag{5.6.2}$$

식(5.6.1)의 좌변은 운동량에 대한 모멘트의 시간에 대한 변화, 우변의 첫째 항은 표면력에 의한 모멘트 그리고 두 번째 항은 체력으로 인한 모멘트를 의미한다. 여기서 식(5.6.1)의 좌변을 Reynolds 운반 정리를 사용하여 전개하면 다음과 같이 주어진다.

$$\begin{aligned}\frac{D}{Dt}\int_v \mathbf{x}\times\rho\mathbf{v}\,dv&=\int_v \frac{D\mathbf{x}}{Dt}\times\rho\mathbf{v}\,dv+\int_v \mathbf{x}\times\rho\frac{D\mathbf{v}}{Dt}\,dv\\&=\int_v \mathbf{v}\times\rho\mathbf{v}\,dv+\int_v \mathbf{x}\times\rho\frac{D\mathbf{v}}{Dt}\,dv\\&=\int_v \mathbf{x}\times\rho\frac{D\mathbf{v}}{Dt}\,dv\end{aligned} \tag{5.6.3}$$

여기서 $\mathbf{v}\times\mathbf{v}=0$을 적용하였다. 식(5.6.3)의 결과를 식(5.6.1)에 대입하면

$$\int_v \rho e_{ijk} x_j \frac{Dv_k}{Dt} dv = \int_a e_{ijk} x_j t_k^{(n)} da + \int_v \rho e_{ijk} x_j b_k dv \qquad (5.6.4)$$

식(5.6.4)에서 필요한 연산을 수행하면 다음과 같은 결과를 얻게 된다.

$$\begin{aligned} \int_v \rho e_{ijk} x_j \frac{Dv_k}{Dt} dv &= \int_a e_{ijk} x_j t_k^{(n)} da + \int_v \rho e_{ijk} x_j b_k dv \\ &= \int_a e_{ijk} x_j n_m \sigma_{mk} da + \int_v \rho e_{ijk} x_j b_k dv \\ &= \int_v e_{ijk} \frac{\partial (x_j \sigma_{mk})}{\partial x_m} dv + \int_v \rho e_{ijk} x_j b_k dv \\ &= \int_v \left(e_{ijk} x_j \frac{\partial \sigma_{mk}}{\partial x_m} + e_{ijk} \delta_{jm} \sigma_{mk} + \rho e_{ijk} x_j b_k \right) dv \end{aligned} \qquad (5.6.5)$$

위의 결과를 정리하면

$$\int_v \rho e_{ijk} x_j \frac{Dv_k}{Dt} dv = \int_v e_{ijk} \left\{ x_j \left(\frac{\partial \sigma_{mk}}{\partial x_m} + \rho b_k \right) + \sigma_{jk} \right\} dv \qquad (5.6.6)$$

식(5.6.6)을 하나의 식으로 표시하면 다음과 같다.

$$\int_v e_{ijk} \left\{ x_j \left(\frac{\partial \sigma_{mk}}{\partial x_m} + \rho b_k - \rho \frac{Dv_k}{Dt} \right) + \sigma_{jk} \right\} dv = 0 \qquad (5.6.7)$$

여기서 식(5.6.7)의 소괄호안의 항들은 식(5.5.9)에서의 선형 운동량 방정식이 되어 0이 되므로 식(5.6.7)은 결과적으로 다음과 같이 주어진다.

$$\int_v e_{ijk}\sigma_{jk}dv = 0 \tag{5.6.8}$$

또한, 식(5.6.8)은 모든 체적에 대하여 성립하여야 하므로

$$e_{ijk}\sigma_{jk} = 0 \tag{5.6.9}$$

식(5.6.9)가 성립되기 위해서는 다음과 같은 대칭성이 성립되어야 함을 알 수 있으며

$$\sigma_{jk} = \sigma_{kj} \qquad \text{또는} \quad \boldsymbol{\sigma} = \boldsymbol{\sigma}^T \tag{5.6.10}$$

결과적으로, 각운동량 보전 방정식을 통해서 나온 결과는 응력 텐서의 대칭성을 확증해주는 것이 된다.

5.7 에너지 보존 법칙

에너지는 생성되거나 소멸되지 않으며 단지 형태만 바뀌어 다른 에너지로 변환된다. 이 명제는 흔히 에너지 보존 법칙(energy conservation) 또는 열역학 제1법칙으로 알려진 내용이다. 즉, 에너지 보존 법칙은 일, 열과 내부 에너지 변화 등의 상호 관계에 대하여 설명하는 내용이다. 열역학 제1법칙에 의하면 운동 에너지와 내부 에너지의 전체 에너지에 대한 시간 변화율은 일과 공급되는 열의 시간에 대한 변화율과 같다는 명제가 성립되며 다음과 같이 쓸 수 있다.

운동에너지의 변화 +내부 에너지 변화 = 일 + 열 (5.7.1)

또는

$$\frac{D}{Dt}(K+U) = W_{mech} + Q \qquad (5.7.2)$$

여기서 K, U, W_{mech}, Q는 각각 운동 에너지(kinetic energy), 내부 에너지(internal energy), 일(work)과 열(heat)이다. 운동 에너지는 연속체의 거시적인 움직임에 대한 에너지이며 연속체를 구성하는 미시적인 분자 단위의 에너지는 내부 에너지에 속한다. 임의의 체적을 가지는 연속체의 운동 에너지 K는 다음과 같이 정의된다.

$$K = \frac{1}{2}\int_v \rho(\mathrm{v} \cdot \mathrm{v})\, dv \qquad (5.7.3)$$

여기서 v는 속도이다. 단위 체적당의 내부 에너지를 e라 하면 전체 체적의 내부 에너지는 다음과 같다.

$$U = \int_v \rho e\, dv \qquad (5.7.4)$$

전체 에너지의 시간에 대한 변화는 운동 에너지와 내부 에너지에 대한 시간에 대한 변화의 합으로 다음과 같이 하나의 식으로 표시할 수 있다.

$$\frac{D}{Dt}(K+U) = \frac{D}{Dt}\int_v \frac{1}{2}\rho(\mathrm{v} \cdot \mathrm{v})\, dv + \frac{D}{Dt}\int_v \rho e\, dv \qquad (5.7.5)$$

한편, 기계적 일은 표면력과 체력에 의해서 일어난다. 연속체에 행해지는 기계적 일 W_{mech}은 다음과 같이 정의된다.

$$W_{mech} = \int_a \mathrm{t}^{(\mathrm{n})} \cdot \mathrm{v}da + \int_v \rho \mathrm{b} \cdot \mathrm{v}dv \tag{5.7.6}$$

식(5.7.6)의 우변의 첫 번째 항은 Gauss 정리를 이용하여 체적 적분으로 다음과 같이 쓸 수 있다.

$$\int_a \mathrm{t}^{(\mathrm{n})} \cdot \mathrm{v}da = \int_a (\mathrm{n} \cdot \sigma) \cdot \mathrm{v}da = \int_v \nabla \cdot (\sigma \cdot \mathrm{v})dv \tag{5.7.7}$$

또는

$$\int_v (\sigma_{ij} v_j)_{,i}\, dv = \int_v \left(\sigma_{ij,i} v_j + \sigma_{ij} v_{j,i}\right) dv \tag{5.7.8}$$

식(5.7.7)에서 연산을 수행해 보면 다음과 같은 결과를 얻게 된다.

$$\begin{aligned} \int_v \nabla \cdot (\sigma \cdot \mathrm{v})dv &= \int_v \{(\nabla \cdot \sigma) \cdot \mathrm{v} + \sigma : \nabla \mathrm{v}\}dv \\ &= \int_v \{(\nabla \cdot \sigma) \cdot \mathrm{v} + \mathrm{tr}(\sigma \cdot \nabla \mathrm{v})\}dv \end{aligned} \tag{5.7.9}$$

여기서 $\mathrm{A}:\mathrm{B}=\mathrm{tr}(\mathrm{A}^T\mathrm{B})$이며 Cauchy 응력 텐서의 대칭성 $\sigma=\sigma^T$을 이용하였다. 식(5.7.9)의 결과를 식(5.7.6)에 대입하여 우변의 모든 항을 체적 적분으로 묶으면

$$W_{mech} = \int_v \{(\nabla \cdot \sigma + \rho \mathrm{b}) \cdot \mathrm{v} + \mathrm{tr}(\sigma \cdot \nabla \mathrm{v})\}dv \tag{5.7.10}$$

여기서 식(5.7.10)의 우변의 두 번째 항에서 W는 비대칭 텐서이며, tr($\sigma\cdot$

W)=0임을 적용하면

$$\mathrm{tr}(\sigma \cdot \nabla \mathrm{v}) = \mathrm{tr}(\sigma \cdot \mathrm{L}) = \mathrm{tr}(\sigma \cdot (\mathrm{D} + \mathrm{W})) = \mathrm{tr}(\sigma \cdot \mathrm{D}) \quad (5.7.11)$$

여기서 D는 변형 속도이다. 또한, 식(5.7.11)을 식(5.7.10)에 대입하면 다음과 같다.

$$W_{mech} = \int_v \{(\nabla \cdot \sigma + \rho \mathrm{b}) \cdot \mathrm{v} + \mathrm{tr}(\sigma \cdot \mathrm{D})\} dv \quad (5.7.12)$$

또는

$$W_{mech} = \int_v \{(\sigma_{ij,i} + \rho b_j) v_j + \sigma_{ij} v_{j,i}\} dv \quad (5.7.13)$$

식(5.7.12)의 우변의 첫 번째 항은 식(5.5.8)의 선형 운동량 보존 방정식에서 $\nabla \cdot \sigma + \rho \mathrm{b} = \rho D\mathrm{v}/Dt$로 놓을 수 있으므로 정리하면 다음과 같은 식을 얻는다.

$$\begin{aligned} W_{mech} &= \int_v \left\{\rho \frac{D\mathrm{v}}{Dt} \cdot \mathrm{v} + \mathrm{tr}(\sigma \cdot \mathrm{D})\right\} dv \\ &= \frac{D}{Dt} \int_v \frac{1}{2} \rho (\mathrm{v} \cdot \mathrm{v}) dv + \int_v \mathrm{tr}(\sigma \cdot \mathrm{D}) dv \end{aligned} \quad (5.7.14)$$

또는

$$W_{mech} = \frac{D}{Dt} \int_v \frac{1}{2} \rho v_i v_i dv + \int_v \sigma_{ij} D_{ij} dv \quad (5.7.15)$$

이번에는 열전달에 대한 내용을 알아보기로 한다. 열전달은 연속체를 하나의 계(system)으로 간주하였을 때 계의 표면을 통하여 들어오고 나가는 열의 흐름을 의미한다. 단위 시간에 연속체(또는 계)로 유입되는 열 Q는 다음과 같으며 q는 단위 시간당 전달되는 열속(heat flux) 벡터이다.

$$Q = -\int_a \mathrm{q} \cdot \mathrm{n}\, da \qquad (5.7.16)$$

또는

$$Q = -\int_a q_i n_i da \qquad (5.7.17)$$

식(5.7.5), 식(5.7.14)와 식(5.7.16)을 식(5.7.2)에 대입하고 Gauss 정리를 적용하여 우변의 항들을 체적 dv로 묶으면 다음과 같다.

$$\begin{aligned}\frac{D}{Dt}\int_v \rho e\, dv &= \int_v \mathrm{tr}(\sigma \cdot \mathrm{D})dv - \int_a \mathrm{q} \cdot \mathrm{n}\, da \\ &= \int_v \{\mathrm{tr}(\sigma \cdot \mathrm{D}) - \nabla \cdot \mathrm{q}\}dv\end{aligned} \qquad (5.7.18)$$

식(5.7.18)에서 모든 항들을 한 곳으로 이동시켜 나타내면 결과적으로 다음과 같은 방정식을 얻게 된다.

$$\int_v \left\{\rho\frac{De}{Dt} - \mathrm{tr}(\sigma \cdot \mathrm{D}) + \nabla \cdot \mathrm{q}\right\}dv = 0 \qquad (5.7.19)$$

또한, 식(5.7.19)의 적분 식은 모든 체적 dv에 대하여 성립되어야 하므로 최종적으로 다음과 같은 에너지 방정식을 얻게 된다.

$$\rho\frac{De}{Dt} = \mathrm{tr}(\sigma \cdot \mathrm{D}) - \nabla \cdot \mathrm{q} \quad (5.7.20)$$

또는

$$\rho\frac{De}{Dt} = \sigma_{ij}D_{ji} - q_{i,i} \quad (5.7.21)$$

여기서 열전달 효과를 모두 무시하면 식(5.7.20)은 다음과 같이 쓸 수 있다.

$$\rho\frac{De}{Dt} = \mathrm{tr}(\sigma \cdot \mathrm{D}) \quad (5.7.22)$$

또는

$$\rho\frac{De}{Dt} = \sigma_{ij}D_{ji} \quad (5.7.23)$$

여기서 $\mathrm{tr}(\sigma \cdot \mathrm{D})$는 응력 동력(stress power)이다.

5.8 열역학 제2법칙

앞 절에서 다루었던 에너지 보존 법칙은 연속체 내부의 에너지에 대한 규정을 정하였으나 에너지의 전달 방향에 대해서는 또 다른 법칙이 필요하게 된다. 즉, 어떻게 에너지가 연속체에서 출입하게 되는지에 대한 법칙이 필요하게 되는데 큰 틀로 보아서는 열역학 제2법칙에 속하게 되며 이를 적절하게 응용하여 연속체에 대한 에너지의 전달을 규정하게 된다. 이를 위해서 연속체 내부의 엔트로피를 정의하고 이에 대한 부등식을 유도한다. 연속체 내부의 엔트로피(entropy)는 다음과 같이 정의된다.

$$H = \int_v \rho\,\eta\,dv \tag{5.8.1}$$

여기서 η는 단위 질량당의 엔트로피이다. 엔트로피는 온도와 관련이 있으므로 연속체의 온도를 T라 하면 연속체로 유입되는 엔트로피의 변화량은 다음과 같이 나타낼 수 있다.

$$S = \int_v \frac{\rho h}{T}\,dv - \int_a \frac{\boldsymbol{q}\cdot\boldsymbol{n}}{T}\,da \tag{5.8.2}$$

여기서 우변의 첫 번째 항은 엔트로피의 생성(entropy source)을 의미하고 두 번째 항은 연속체의 표면을 통하여 유입되는 엔트로피를 나타낸다. 한편, 열역학 제2법칙에 의하면 다음과 같은 부등식 명제가 성립되어야 한다.

$$\frac{DH}{DT} \geq S \tag{5.8.3}$$

식(5.8.1)과 식(5.8.2)를 식(5.8.3)에 대입하면 다음과 같은 식을 얻게 된다.

$$\frac{D}{Dt}\int_v \rho\,\eta\,dv - \int_v \frac{\rho h}{T}\,dv + \int_a \frac{\boldsymbol{q}\cdot\boldsymbol{n}}{T}\,da \geq 0 \tag{5.8.4}$$

Reynolds 운반 정리와 Gauss 정리를 식(5.8.4)에 적용하여 체적 적분으로 모든 항을 정리하면 다음과 같다.

$$\int_v \left[\rho \frac{D\eta}{DT} - \frac{\rho h}{T} + \nabla \cdot \left(\frac{q}{T}\right)\right] dv \geq 0 \tag{5.8.5}$$

식(5.8.5)는 모든 체적에 대하여 성립되어야 하므로 다음과 같은 부등식을 얻게 되며 이를 Clausius-Duhem 부등식이라고 한다.

$$\rho \frac{D\eta}{DT} - \frac{\rho h}{T} + \nabla \cdot \left(\frac{q}{T}\right) \geq 0 \tag{5.8.6}$$

5.9 보존 방정식의 요약

질량 보존 방정식

$$\frac{D\rho}{Dt} + \rho(\nabla \cdot \mathrm{v}) = 0$$

운동량 보존 방정식

$$\rho \frac{D\mathrm{v}}{Dt} = \nabla \cdot \sigma + \rho \mathrm{b}$$

각 운동량 보존 방정식

$$\sigma = \sigma^T$$

에너지 보존 방정식

$$\rho\frac{De}{Dt}=\mathrm{tr}(\boldsymbol{\sigma}\cdot\mathrm{D})-\nabla\cdot\mathrm{q}$$

열역학 제2법칙

$$\rho\frac{D\eta}{DT}-\frac{\rho h}{T}+\nabla\cdot\left(\frac{q}{T}\right)\geq 0$$

연습문제

1 질량 보존 법칙에서 도출할 수 있는 방정식은 무엇인가?

2 선형 운동량 보존 법칙에서 유도할 수 있는 방정식은 무엇인가?

3 각 운동량 보존 법칙에서 나오는 결과는 무엇인가?

4 Reynolds 운반 정리는 어떤 내용인가?

5 어떤 물리량이 Euler 표기로 주어지면 이에 대한 물질 시간 미분은 어떻게 구하는가?

6 에너지 보존 법칙을 적용하면 어떤 방정식을 유도할 수 있는가?

7 다음 식에 주어진 질량 보존 방정식을 물질 시간 미분에 대하여 풀어서 나타내시오.

$$\frac{D(\rho J)}{Dt} = 0$$

8 다음과 같은 변형이 수행되었을 때 초기 상태의 밀도 ρ_0와 현재 상태의 밀도 ρ의 관계를 구하시오.

$$x_1 = X_1, \quad x_2 = X_2, \quad x_3 = -X_3$$

---

9 초기 상태의 밀도 ρ_0와 현재 상태의 밀도 ρ의 관계를 구하시오. 단, 변형은 다음과 같이 주어진다.

$$x_1 = X_1 + 2X_2, \quad x_2 = 2X_1 - X_2 + X_3, \quad x_3 = X_3$$

10 밀도 $\rho(\mathbf{x}, t)$와 속도 $\mathbf{v}(\mathbf{x}, t)$가 다음과 같이 주어졌을 때 질량 보존 법칙이 성립되는가를 판단하시오.

$$\rho = 3x_1 - 2x_1x_2t$$

$$v_1 = \frac{x_1}{1+t}, \quad v_2 = x_1x_2t, \quad v_3 = 0$$

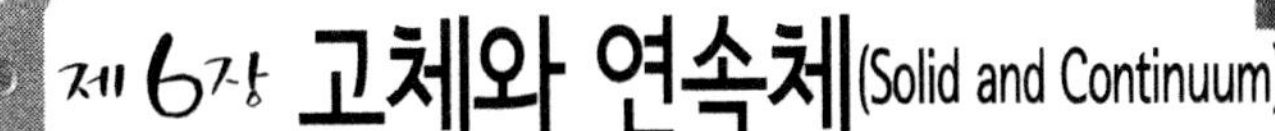

제 6장 고체와 연속체(Solid and Continuum)

6.1 고체로서의 연속체(Continuum as solid)

고체는 여러 산업 분야에서 널리 사용되는 재료로서 역사가 가장 오래된 금속뿐만 아니라 스마트 재료(smart materials)를 비롯하여 다양한 종류의 물리적, 화학적, 전자기적 성질을 가진 새로운 특성을 가진 재료들이 끊임없이 개발되고 있다. 지금까지는 연속체에 대한 내용을 설명하면서 고체 또는 유체를 염두에 두고 특정한 형태의 물리적 개체로 다루지는 않았다. 연속체로서의 고체나 유체는 기본 물리 법칙을 모두 만족시키는 것은 동일하나 확연하게 다른 역학적 특성을 가지고 있다. 연속체 역학에서는 고체나 유체에 대한 구성 방정식(constitutive equation)을 각각의 특성에 맞게 정립하여 이러한 구분을 가능하게 한다. 그러므로 고체를 연속체로 다루기 위해서는 앞에서 설명한 기본 물리 법칙 - 질량 보존 법칙, 선형 운동량 보존 법칙, 각운동량 보존 법칙, 에너지 보존 법칙, 열역학 제2법칙 -등을 모두 만족시켜야 하며 아울러 실험을 통해서 적절한 구성 방정식을 확보해야 할 필요가 있다. 이번 장에서는 연속체를 고체로 모사하는 데 필요한 과정을 상세하게 살펴보기로 한다.

6.2 선형 탄성 재료

고체는 외부의 힘에 대하여 변형으로 대응할 수 있는 연속체이며 다양한 종류의 고체에 대한 역학적 성질은 힘과 변형의 관계식인 구성 방정식으로 모사할 수 있다. 힘과 변형이 선형적인 관계가 성립되면 이러한 재료를 선형 탄성 재료(linear elastic materials)라고 한다. 반면에 힘과 변위의 대응관계가 비선형으로 되는 경우를 비선형 재료(nonlinear materials)라고 한다. 미소 변형(infinite deformation)이 아닌 유한 변형(finite deformation)을 고려해야 할 경우에는 비선형적인 취급을 해야 하며 이러한 거동을 보이는 재료에 대해서는 선형 재료와는 다른 구성 방정식과 응력과 변형률의 종류가 필요하다. 또한, 탄성 변형의 한계를 넘어서서 소성 변형(plastic deformation)

에 이르는 거동에는 기본적인 구성 방정식 뿐 아니라 소성 유동(plastic flow)에 관한 방정식도 함께 고려되어야 한다. 큰 변형이 일어난다고 해서 반드시 소성 변형이라고 생각할 수는 없다. 수영장의 다이빙 보드와 같이 상당히 큰 변형이 일어나기는 하지만 여전히 탄성 한계 내에 있는 예도 얼마든지 있기 때문이다. 반면에 안전한 자동차를 만들기 위한 충돌 시험의 모사에서는 재료의 소성 변형에 대한 방정식이 매우 중요하게 취급된다. 이번 장에서는 변형이 상대적으로 작으며 탄성 한계 내에 있는 경우만을 대상으로 하기로 하며 탄성론(theory of elasticity)과 관련된 부분 중 일부분만을 다룰 것이다. 보다 다양한 탄성 재료의 거동에 대한 지식을 얻고자 하는 독자들은 탄성론 관련 문헌을 살펴보기를 권한다.

선형 탄성 재료는 응력과 변형률이 선형적인 관계를 가지며 탄성 계수 E를 취하면 다음과 같은 Hooke 법칙으로 쓸 수 있게 된다.

$$\sigma = E\epsilon \tag{6.2.1}$$

식(6.2.1)은 텐서를 사용하여 다음과 같이 표시할 수 있다.

$$\boldsymbol{\sigma} = \mathsf{C} : \boldsymbol{\epsilon}, \qquad \sigma_{ij} = C_{ijkl}\epsilon_{kl} \tag{6.2.2}$$

여기서 C 또는 C_{ijkl}은 탄성 계수(elastic modulus) 또는 강성 텐서(stiffness tensor)라고 하며 이는 4차 텐서로서 3^4=81개의 요소를 갖는 텐서가 되어 9개의 응력 성분 σ_{ij}와 9개의 변형률 성분 ϵ_{ij}를 연관시켜 주는 역할을 한다. 그러므로 가장 일반적인 선형 탄성 재료의 거동을 설명하기 위해서는 81개의 강성 성분을 알고 있어야 한다는 것을 의미한다. 다행하게도 선형 탄성 재료의 탄성 계수를 위해서 다수의 대칭성을 적용할 수 있으므로 실제로는 보다 적은 수의 성분만 필요하게 된다. 탄성 계수의 대칭성에 대해서는 각 운동량 보존 법칙에 의하여 응력의 대칭성, $\sigma_{ij}=\sigma_{ji}$가됨을 알고 있으므로 식(6.2.2)에서 탄성 계수 $C_{ijkl}=C_{jikl}$가 성립됨을 직관적으로 알 수 있다. 또한 변형률 텐서는 대칭성 $\epsilon_{kl}=\epsilon_{lk}$을 가지므로 탄성 계수의 지수 중 뒤에 있는 2개의 지수는 대칭성을 갖게 되어 $C_{ijkl}=C_{ijlk}$의 관계를 갖는다.

고체에 대한 단위 체적 당 변형률 에너지 밀도(strain energy density) w를 다음과 같이 정의한다.

$$w = \int_0^{\epsilon} \boldsymbol{\sigma} : d\boldsymbol{\epsilon}, \qquad w = \int_0^{\epsilon} \sigma_{ij}\, d\epsilon_{ij} \tag{6.2.3}$$

변형 에너지의 식(6.2.3)을 변형률 ϵ_{ij}로 미분하면 다음과 같은 결과를 얻을 수 있다.

$$\frac{\partial w}{\partial \epsilon_{ij}} = \sigma_{ij} = C_{ijkl}\epsilon_{kl} \tag{6.2.4}$$

식(6.2.4)를 ϵ_{kl}로 다시 한 번 미분하면

$$\frac{\partial^2 w}{\partial \epsilon_{ij}\epsilon_{kl}} = C_{ijkl} \tag{6.2.5}$$

위에서 변형률 에너지 w를 변형률 ϵ_{ij}또는 ϵ_{kl}로 미분하는 과정에서 볼 때 미분의 순서는 상관이 없음을 알 수 있다. 즉, ϵ_{ij}와 ϵ_{kl}의 미분 순서가 바뀌어도 결과는 동일하게 되므로 탄성 계수는 $C_{ijkl}=C_{klij}$의 대칭성을 가짐을 알 수 있게 된다. 결론적으로 탄성 계수 C_{ijkl}은 앞에서 살펴 본 3가지 종류의 대칭성을 가지게 되어 탄성 계수의 독립적인 성분은 81개에서 21개로 줄어들게 된다.

선형 탄성 재료에 대한 변형률 에너지 밀도를 식(6.2.2)와 식(6.2.3)에서

변형률의 항으로 정리하면 다음과 같이 표시할 수 있다.

$$w = \int_0^{\epsilon} \sigma_{ij}\, d\epsilon_{ij} = \int_0^{\epsilon} C_{ijkl}\, \epsilon_{kl}\, d\epsilon_{ij} = \frac{1}{2} C_{ijkl}\, \epsilon_{ij}\, \epsilon_{kl} \qquad (6.2.6)$$

식(6.2.6)을 응력과 변형률의 항으로 나타내면 다음과 같다.

$$w = \frac{1}{2}\boldsymbol{\sigma} : \boldsymbol{\epsilon}, \qquad w = \frac{1}{2}\sigma_{ij}\epsilon_{ij} \qquad (6.2.7)$$

식(6.2.2)에서 주어진 구성 방정식을 변형률의 항으로 정리하면 다음과 같은 식을 얻게 된다.

$$\boldsymbol{\epsilon} = \mathsf{C}^{-1} : \boldsymbol{\sigma} = \mathsf{S} : \boldsymbol{\sigma} \qquad (6.2.8)$$

여기서 S는 compliance라고 한다.

6.3 Voigt 표기법

고체에 대한 다양한 문제를 해석하기 위해서는 많은 양의 연산이 필요한데 구성 방정식의 각 성분 요소가 너무 많아서 그대로 진행하기가 어려울 경우가 많다. 텐서로 표시된 요소들이 복잡한 개념을 정의하는 데는 탁월하지만 실제로 수많은 요소들을 구별하여 계산하는 경우는 보다 효율적인 방법으로서 Voigt 표기법을 도입한다. 더구나 최근 유한 요소법등의 발전으로 인해서 방정식과 수식 등을 프로그램화 하는데 있어서 수식에 너무 많은 양의 지수가 등장하게 되어 보다 간결한 표기가 요구되고 있다. 예를 들어, 식(6.2.2)에서

$i=j=1$로 하여 전개해 보면 해당되는 응력항인 σ_{11}은 다음과 같이 주어진다.

$$\begin{aligned}\sigma_{11} &= C_{1111}\epsilon_{11} + C_{1112}\epsilon_{12} + C_{1113}\epsilon_{13} \\ &+ C_{1121}\epsilon_{21} + C_{1122}\epsilon_{22} + C_{1123}\epsilon_{23} \\ &+ C_{3331}\epsilon_{31} + C_{3332}\epsilon_{32} + C_{3333}\epsilon_{33}\end{aligned} \quad (6.3.1)$$

여기서 변형률 텐서의 대칭성 $e_{ij}=e_{ji}$와 그에 따른 탄성 계수의 대칭성 $C_{ijkl}=C_{ijlk}$를 적용하면 식(6.3.1)은 다음과 같이 쓸 수 있다.

$$\sigma_{11} = C_{1111}\epsilon_{11} + 2C_{1112}\epsilon_{12} + 2C_{1113}\epsilon_{13} + C_{1122}\epsilon_{22} + 2C_{1123}\epsilon_{23} + C_{3333}\epsilon_{33} \quad (6.3.2)$$

식(6.3.2)에서 볼 수 있듯이 4차 텐서인 탄성 계수와 변형률 텐서를 전개하여 나가는 방식은 교육적 목적으로는 좋으나 매우 복잡하고 번거로우므로 그대로 사용하지 않고 대신에 Voigt 표기법을 사용하는 것이 일반적이다. Voigt 표기법은 텐서의 많은 요소들로 인하여 복잡해진 수식들을 보다 간편하게 정리해주는 장점이 있으며, 일반적으로 응력 성분, 변형률 성분, 그리고 고차 텐서의 성분에 대한 표기로 나누어진다. 먼저 응력 성분에 대한 텐서 표기와 Voigt 표기와의 관계는 다음과 같이 정의한다.

$$[\sigma_{ij}] = \begin{bmatrix}\sigma_{11} & \sigma_{12} & \sigma_{13} \\ \sigma_{21} & \sigma_{22} & \sigma_{23} \\ \sigma_{31} & \sigma_{32} & \sigma_{33}\end{bmatrix} \Rightarrow \begin{pmatrix}\sigma_{11} \\ \sigma_{22} \\ \sigma_{33} \\ \sigma_{23} \\ \sigma_{13} \\ \sigma_{12}\end{pmatrix} \Rightarrow \begin{pmatrix}\sigma_1 \\ \sigma_2 \\ \sigma_3 \\ \sigma_4 \\ \sigma_5 \\ \sigma_6\end{pmatrix} \quad (6.3.3)$$

Voigt 표기는 11→1, 22→2, 33→3, 23→4, 13→5, 12→6과 같은 방식으로 두 개의 지수를 하나의 지수로 간략화 시켜 표시하는 방식이다. 여기서 9개의 응력 성분은 대칭성을 적용하여 모두 6개의 성분으로 줄어든 것을 볼 수 있다. 변형률에 대하여도 Voigt 표기법은 응력에서와 동일한 결과를 준다.

$$[\epsilon_{ij}] = \begin{bmatrix} \epsilon_{11} & \epsilon_{12} & \epsilon_{13} \\ \epsilon_{21} & \epsilon_{22} & \epsilon_{23} \\ \epsilon_{31} & \epsilon_{32} & \epsilon_{33} \end{bmatrix} \Rightarrow \begin{pmatrix} \epsilon_{11} \\ \epsilon_{22} \\ \epsilon_{33} \\ 2\epsilon_{23} \\ 2\epsilon_{13} \\ 2\epsilon_{12} \end{pmatrix} \Rightarrow \begin{pmatrix} \epsilon_1 \\ \epsilon_2 \\ \epsilon_3 \\ \epsilon_4 \\ \epsilon_5 \\ \epsilon_6 \end{pmatrix} \tag{6.3.4}$$

여기서 주의해야 할 점은 전단 변형률 $\epsilon_{23}, \epsilon_{13}, \epsilon_{12}$의 경우에는 앞에 2의 계수가 붙는다는 점이며 이는 공칭 전단 변형률(engineering shear strains)과 동일하다. 한편, 식(6.2.2)의 구성 방정식은 Voigt 표기법으로 표시하면 다음과 같다.

$$\sigma_I = C_{IJ}\epsilon_J \qquad (I,J = 1,2,...,6) \tag{6.3.5}$$

또는 행렬로 나타내면

$$\begin{pmatrix} \sigma_1 \\ \sigma_2 \\ \sigma_3 \\ \sigma_4 \\ \sigma_5 \\ \sigma_6 \end{pmatrix} = \begin{bmatrix} C_{11} & C_{12} & C_{13} & C_{14} & C_{15} & C_{16} \\ C_{21} & C_{22} & C_{23} & C_{24} & C_{25} & C_{26} \\ C_{31} & C_{32} & C_{33} & C_{34} & C_{35} & C_{36} \\ C_{41} & C_{42} & C_{43} & C_{44} & C_{45} & C_{46} \\ C_{51} & C_{52} & C_{53} & C_{54} & C_{55} & C_{56} \\ C_{61} & C_{62} & C_{63} & C_{64} & C_{65} & C_{66} \end{bmatrix} \begin{pmatrix} \epsilon_1 \\ \epsilon_2 \\ \epsilon_3 \\ \epsilon_4 \\ \epsilon_5 \\ \epsilon_6 \end{pmatrix} \tag{6.3.6}$$

여기서 C_{IJ}는 6×6 행렬로 표시할 수 있으며 대칭성을 적용하여 81개의 탄성계수 성분이 6×6=36개의 성분으로 축소된다. 식(6.3.6)을 이용하여 응력 성분 σ_{11}을 다시 써보면 다음과 같다.

$$\sigma_1 = C_{11}\epsilon_1 + C_{12}\epsilon_2 + C_{13}\epsilon_3 + C_{14}\epsilon_4 + C_{15}\epsilon_5 + C_{16}\epsilon_6 \qquad (6.3.7)$$

여기서 Voigt 표기법은 $C_{1111}\rightarrow C_{11}$, $C_{1122}\rightarrow C_{12}$, $C_{1133}\rightarrow C_{13}$, $C_{1123}\rightarrow C_{14}$, $C_{1113}\rightarrow C_{14}$, $C_{1112}\rightarrow C_{16}$,과 같이 적용되었다. 또한 $C_{ijkl}=C_{klij}$의 관계로부터 $C_{IJ}=C_{JI}$의 대칭성을 갖게 되며 독립 요소는 6×6=36개에서 21개로 줄어들게 되어 식(6.3.6)은 다음과 같이 쓸 수 있다.

$$\begin{pmatrix}\sigma_1\\ \sigma_2\\ \sigma_3\\ \sigma_4\\ \sigma_5\\ \sigma_6\end{pmatrix} = \begin{bmatrix} C_{11} & C_{12} & C_{13} & C_{14} & C_{15} & C_{16}\\ C_{12} & C_{22} & C_{23} & C_{24} & C_{25} & C_{26}\\ C_{13} & C_{23} & C_{33} & C_{34} & C_{35} & C_{36}\\ C_{14} & C_{24} & C_{34} & C_{44} & C_{45} & C_{46}\\ C_{15} & C_{25} & C_{35} & C_{45} & C_{55} & C_{56}\\ C_{16} & C_{26} & C_{36} & C_{46} & C_{56} & C_{66}\end{bmatrix}\begin{pmatrix}\epsilon_1\\ \epsilon_2\\ \epsilon_3\\ \epsilon_4\\ \epsilon_5\\ \epsilon_6\end{pmatrix} \qquad (6.3.8)$$

6.4 등방성 재료의 구성 방정식

식(6.3.8)에서 표시한 구성 방정식의 의미는 21개의 서로 다른 역학적 특성을 가지는 어떤 재료를 지칭하고 있다는 것이다. 재료의 역학적 성질이 특별한 방향성을 가지지 않을 때 이를 등방성 재료(isotropic material)라고 한다. 등방성 재료에 대한 구성 방정식의 유도 과정은 텐서 연산을 사용하여 구할 수 있으며 관심 있는 독자는 참고 문헌을 살펴보기 바라며 편의상 여기서는 유도 과정을 생략하고 결과만을 사용하기로 한다.

등방성 재료에 대한 구성 방정식은 다음과 같이 주어진다.

$$\sigma = \lambda \mathrm{tr}(\epsilon)\mathrm{I} + 2\mu\epsilon, \qquad \sigma_{ij} = \lambda\epsilon_{kk}\delta_{ij} + 2\mu\epsilon_{ij} \qquad (6.4.1)$$

여기서 λ와 μ는 Lame 상수이다. 식(6.4.1)을 Cartesian 좌표계에서 전개하면 다음과 같다.

$$\begin{aligned} \sigma_{xx} &= \lambda(\epsilon_{xx}+\epsilon_{yy}+\epsilon_{zz})+2\mu\epsilon_{xx} \\ \sigma_{yy} &= \lambda(\epsilon_{xx}+\epsilon_{yy}+\epsilon_{zz})+2\mu\epsilon_{yy} \\ \sigma_{zz} &= \lambda(\epsilon_{xx}+\epsilon_{yy}+\epsilon_{zz})+2\mu\epsilon_{zz} \\ \sigma_{xy} &= 2\mu\epsilon_{xy} \\ \sigma_{yz} &= 2\mu\epsilon_{yz} \\ \sigma_{zx} &= 2\mu\epsilon_{zx} \end{aligned} \tag{6.4.2}$$

많은 경우에 구성 방정식은 변형률에 대한 식으로 표시하기도 하므로 변환하는 과정을 살펴보기로 한다. 먼저 식(6.4.1)을 변형률에 대하여 정리하면 다음과 같다.

$$\epsilon_{ij} = \frac{1}{2\mu}\sigma_{ij} - \frac{1}{2\mu}\lambda\epsilon_{kk}\delta_{ij} \tag{6.4.3}$$

그러나 식(6.4.3)의 우변에는 변형률 항이 아직 남아있으므로 적절하게 제거해야 한다. 이를 위해서 식(6.4.1)에서 양변의 지수 i,j를 각각 m으로 치환하면 다음과 같은 식을 얻게 된다.

$$\sigma_{mm} = \lambda\epsilon_{kk}\delta_{mm} + 2\mu\epsilon_{mm} = 3\lambda\epsilon_{kk} + 2\mu\epsilon_{mm} \tag{6.4.4}$$

여기서 $\delta_{mm}=\delta_{11}+\delta_{22}+\delta_{33}=3$이다. 또한 지수 m,k는 모두 중복지수이므로 식(6.4.4)는 다음과 같이 쓸 수 있다.

$$\sigma_{kk} = (3\lambda+2\mu)\epsilon_{kk} \tag{6.4.5}$$

식(6.4.5)를 변형률에 대한 식으로 바꾸면

$$\epsilon_{kk} = \frac{1}{3\lambda + 2\mu}\sigma_{kk} \tag{6.4.6}$$

식(6.4.6)을 식(6.4.3)에 대입하면 다음과 같이 변형률에 대한 구성 방정식을 얻게 된다.

$$\epsilon_{ij} = -\frac{\lambda}{2\mu(3\lambda + 2\mu)}\sigma_{kk}\delta_{ij} + \frac{1}{2\mu}\sigma_{ij} \tag{6.4.7}$$

또는

$$\epsilon = -\frac{\lambda}{2\mu(3\lambda + 2\mu)}\mathrm{tr}(\sigma)\mathrm{I} + \frac{1}{2\mu}\sigma \tag{6.4.8}$$

식(6.4.7)을 Cartesian 좌표로 전개하여 표시하면 다음과 같다.

$$\begin{aligned}
\epsilon_{xx} &= -\frac{\lambda}{2\mu(3\lambda + 2\mu)}(\sigma_{xx} + \sigma_{yy} + \sigma_{zz}) + \frac{1}{2\mu}\sigma_{xx} \\
\epsilon_{yy} &= -\frac{\lambda}{2\mu(3\lambda + 2\mu)}(\sigma_{xx} + \sigma_{yy} + \sigma_{zz}) + \frac{1}{2\mu}\sigma_{yy} \\
\epsilon_{zz} &= -\frac{\lambda}{2\mu(3\lambda + 2\mu)}(\sigma_{xx} + \sigma_{yy} + \sigma_{zz}) + \frac{1}{2\mu}\sigma_{zz} \\
\epsilon_{xy} &= \frac{1}{2\mu}\sigma_{xy} \\
\epsilon_{yz} &= \frac{1}{2\mu}\sigma_{yz} \\
\epsilon_{zx} &= \frac{1}{2\mu}\sigma_{zx}
\end{aligned} \tag{6.4.9}$$

일반적으로는 구성 방정식에서 나타난 Lame 상수보다는 공칭 상수(engineering constants)인 탄성 계수 E, Poisson 비(Poisson's ratio) ν를 사용한다. Lame 상수와 탄성 계수 E와의 관계는 다음 식에서 얻을 수 있다.

$$E = \frac{\mu(3\lambda + 2\mu)}{\lambda + \mu} \tag{6.4.10}$$

한편, Poisson의 비 ν는 다음과 같이 주어진다.

$$\nu = \frac{\lambda}{2(\lambda + \mu)} \tag{6.4.11}$$

식(6.4.10)과 식(6.4.11)을 식(6.4.1)에 대입하여 정리하면 다음과 같이 탄성 계수와 Poisson 비로 표시된 구성 방정식을 얻을 수 있다.

$$\sigma = \frac{\nu E}{(1+\nu)(1-2\nu)} \mathrm{tr}(\epsilon)\mathrm{I} + \frac{E}{1+\nu}\epsilon \tag{6.4.12}$$

또는

$$\sigma_{ij} = \frac{\nu E}{(1+\nu)(1-2\nu)} \epsilon_{kk}\delta_{ij} + \frac{E}{1+\nu}\epsilon_{ij} \tag{6.4.13}$$

식(6.4.10)과 식(6.4.11)을 변형률에 관한 식(6.4.7)에 대입하여 정리하면 탄성 계수와 Poisson 비로 표시된 방정식을 다음과 같이 얻을 수 있다.

$$\epsilon = \frac{1+\nu}{\mathrm{E}}\sigma - \frac{\nu}{\mathrm{E}}\mathrm{tr}(\sigma)\mathrm{I} \tag{6.4.14}$$

또는

$$\epsilon_{ij} = \frac{1+\nu}{E}\sigma_{ij} - \frac{\nu}{E}\sigma_{kk}\delta_{ij} \qquad (6.4.15)$$

식(6.4.15)에서 지수에 대하여 전개하면 다음과 같다.

$$\begin{aligned}
\epsilon_{11} &= \frac{1}{E}\{\sigma_{11} - \nu(\sigma_{22} + \sigma_{33})\} \\
\epsilon_{22} &= \frac{1}{E}\{\sigma_{22} - \nu(\sigma_{11} + \sigma_{33})\} \\
\epsilon_{33} &= \frac{1}{E}\{\sigma_{33} - \nu(\sigma_{11} + \sigma_{22})\} \\
\epsilon_{23} &= \frac{1+\nu}{E}\sigma_{23} \\
\epsilon_{13} &= \frac{1+\nu}{E}\sigma_{13} \\
\epsilon_{12} &= \frac{1+\nu}{E}\sigma_{12}
\end{aligned} \qquad (6.4.16)$$

Cartesian 좌표로 나타내면 다음과 같다. 변형률 텐서 표기에서 공학 변형률 표기로 바꿀 때에는 전단 변형률 항에서의 계수 2를 주의해야 한다. 즉, $\epsilon_{12}=\gamma_{12}/2$.

$$\begin{aligned}
\epsilon_{xx} &= \frac{1}{E}\{\sigma_{xx} - \nu(\sigma_{yy} + \sigma_{zz})\} \\
\epsilon_{yy} &= \frac{1}{E}\{\sigma_{yy} - \nu(\sigma_{xx} + \sigma_{zz})\} \\
\epsilon_{zz} &= \frac{1}{E}\{\sigma_{zz} - \nu(\sigma_{xx} + \sigma_{yy})\}
\end{aligned} \qquad (6.4.17)$$

$$\gamma_{xy} = \frac{\sigma_{xy}}{G}$$

$$\gamma_{xy} = \frac{\sigma_{xy}}{G}$$

$$\gamma_{xy} = \frac{\sigma_{xy}}{G}$$

여기서 G는 전단 탄성 계수이며 다음과 같이 정의한다.

$$G = \frac{E}{2(1+\nu)} \tag{6.4.18}$$

6.5 선형 탄성 재료에 대한 방정식

앞에서는 연속체를 등방성 선형 탄성 재료로 간주하여 다음에 표시한 식(6.4.1)과 같은 구성 방정식을 얻게 되었다. 구성 방정식은 응력과 변형률의 관계를 나타내고 있는 식으로서 응력이 주어질 때 변형률을 구하거나, 반대로 변형률이 주어질 때 응력을 구하는 식으로 사용될 수 있다.

$$\sigma = \lambda \mathrm{tr}(\epsilon)\mathrm{I} + 2\mu\epsilon, \qquad \sigma_{ij} = \lambda\epsilon_{kk}\delta_{ij} + 2\mu\epsilon_{ij} \tag{6.5.1}$$

만일 변형률이 조건으로 주어진다면 식(6.5.1)의 우변에 대입하여 어렵지 않게 응력을 구할 수 있을 것으로 보이지만 실제로는 대단히 중요한 사항들을 위반하고 있음을 알아야 한다. 그것은 연속체로서 반드시 만족해야만 하는 5장에서 소개한 보존 법칙들에 대한 언급이 전혀 없다는 것이다. 그러므로 해석하고자 하는 고체가 연속체 역학의 준거에서 준비가 되기 위해서는 5개의 보존 법칙-질량 보존 법칙, 선형 운동량 보존 법칙, 각운동량 보존 법칙, 에너지 보존 법칙, 열역학 제2법칙-에 관련된 방정식을 적용하는 것이 필요하다.

문제를 간단하게 만들기 위하여 여기서 고려하는 고체는 시간에 무관한 정적인 상태를 유지하며 응력이 가해졌을 때 변형의 발생도 아주 천천히 일어난다고 가정한다. 또한, 외부나 내부에서의 온도 변화나 열전달도 무시할 수 있다고 가정한다. 고체에 응력이 작용할 때 질량의 변화가 없다고 가정하면 다음과 같이 식(5.4.1)에서 주어진 질량 보존 법칙을 만족하게 된다.

$$\frac{Dm}{Dt} = 0 \tag{6.5.2}$$

다음으로는 선형 운동량 법칙에 관한 방정식이 있다. 여기서는 정적인 문제를 다루기로 하였으므로 식(5.5.12)로부터 평형 방정식은 다음과 같이 주어진다.

$$\nabla \cdot \sigma + \rho \mathbf{b} = 0, \qquad \frac{\partial \sigma_{ij}}{\partial x_i} + \rho b_j = 0 \tag{6.5.3}$$

세 번째로는 각운동량 법칙으로서 $\sigma = \sigma^T$와 같이 응력의 대칭성을 확증해 준다. 네 번째 법칙으로는 에너지 보존 법칙이 있으나 열에 대한 과정은 무시하기로 하였으므로 생략되며, 열역학 제2법칙도 마찬가지로 만족된다고 가정할 수 있다. 결론적으로 다른 4개의 법칙들은 모두 만족되거나 무시할 수 있으므로 5개의 법칙 중에서 가장 중요한 역할을 하는 것은 선형 운동량 보존 법칙에서 유도된 식(6.5.3)의 평형 방정식이라고 볼 수 있다. 그러므로 식(6.5.1)의 구성 방정식을 식(6.5.3)의 평형 방정식에 대입하면 등방성 선형 탄성 재료에 대한 미분 방정식이 되며 이에 대한 해를 구하는 과정이 전체 해석의 초점이 된다. 그러나 이 미분 방정식은 변형률에 대한 방정식이 되는데 대부분의 경우는 변형률 보다는 변위(displacement)를 구하는 경우가 더 많으므로 변위에 대한 식으로 바꾸어 줄 필요가 있다. 이러한 작업은 식(3.3.11)의 변형률과 변위의 관계식을 적용함으로 가능하게 되는데 관계식은 다음과 같다.

$$\epsilon = \frac{1}{2}\{(\nabla \mathrm{u})^{\mathrm{T}} + \nabla \mathrm{u}\}, \qquad \epsilon_{ij} = \frac{1}{2}\left(\frac{\partial u_i}{\partial x_j} + \frac{\partial u_j}{\partial x_i}\right) \tag{6.5.4}$$

식(6.5.1)의 구성 방정식에 변형률-변위 관계식 식(6.5.4)를 대입하면

$$\begin{aligned}\sigma_{ij} &= \lambda \epsilon_{kk}\delta_{ij+}2\mu\epsilon_{ij} \\ &= \lambda u_{k,k}\delta_{ij} + \mu(u_{i,j} + u_{j,i})\end{aligned} \tag{6.5.5}$$

식(6.5.5)의 양변을 미분하면

$$\begin{aligned}\sigma_{ij,i} &= \lambda u_{k,ki}\delta_{ij} + \mu(u_{i,ji} + u_{j,ii}) \\ &= \lambda u_{k,kj} + \mu(u_{k,kj} + u_{j,ii}) \\ &= (\lambda + \mu)u_{i,ij} + \mu u_{j,ii}\end{aligned} \tag{6.5.6}$$

최종적으로 식(6.5.6)를 식(6.5.3)에 대입하면 다음과 같은 변위로 표현된 평형 방정식을 얻게 되며 이를 Navier 방정식이라고 한다.

$$(\lambda + \mu)u_{i,ij} + \mu u_{j,ii} + \rho b_j = 0 \tag{6.5.7}$$

또는

$$(\lambda + \mu)\nabla(\nabla \bullet \mathrm{u}) + \mu \nabla^2 \mathrm{u} + \rho \mathrm{b} = 0 \tag{6.5.8}$$

여기서 식(6.5.7)은 다수의 방정식이 하나로 뭉쳐있는 형태라고 생각할 수 있다. 즉, 평형 방정식, 구성 방정식, 그리고 변형률-변위 관계식이 하나의 식

으로 표시되고 있으며 변위로 경계조건을 주고 미분 방정식의 해를 구할 수 있다면 변위를 구할 수 있게 된다. 일단 변위가 알려지면 이를 식(6.5.4)의 변형률-변위 관계식에 대입하여 변형률을 구하고, 변형률을 식(6.5.1)의 구성 방정식에 대입하면 응력을 구할 수 있게 된다. 일반적으로 탄성 문제의 해석에서 얻고자 하는 것은 변위, 변형률, 그리고 응력의 세 가지이다. 탄성 문제의 해의 각 요소는 서로 연관되어 있다. 예를 들어, 변위를 얻게 되면 변형률을 계산할 수 있고, 변형률은 구성 방정식을 통해서 응력을 구할 수 있게 한다. 앞에서 살펴본 바와 같이 응력을 계산하기 위한 방정식들은 평형 방정식, 구성 방정식, 그리고 변형률-변위 관계식으로 구성되며, 이를 하나로 묶은 것이 바로 Navier 방정식이라고 할 수 있다. Navier 방정식은 변위를 미지수로 하는 편미분 방정식이며, 해를 얻기 위하여 변위로 표시된 경계조건이 필요하다. 응력장을 구하기 위한 방정식에서는 6개의 응력 텐서 요소, 6개의 변형률 텐서 요소, 그리고 3개의 변위 텐서 요소가 미지수가 되어 모두 15개의 미지수를 갖게 된다. 이를 위한 방정식의 수는 3개의 평형 방정식, 6개의 구성 방정식, 그리고 6개의 변형률-변위 관계식으로 모두 15개의 방정식이 존재한다.

평형 방정식과 6개의 응력 요소

$$\nabla \cdot \sigma + \rho \mathrm{b} = 0$$

구성 방정식과 6개의 응력-변형률 관계식

$$\sigma = \lambda \mathrm{tr}(\epsilon)\mathrm{I} + 2\mu\epsilon$$

변형률-변위 관계식과 3개의 변위 요소

$$\epsilon = \frac{1}{2}\{(\nabla \mathrm{u})^{\mathrm{T}} + \nabla \mathrm{u}\}$$

6.6 선형 탄성 재료에 대한 전개된 방정식

평형 방정식

$$\frac{\partial \sigma_{ij}}{\partial x_i} + \rho b_j = 0$$

Cartesian 좌표

$$\frac{\partial \sigma_{11}}{\partial x_1} + \frac{\partial \sigma_{21}}{\partial x_2} + \frac{\partial \sigma_{31}}{\partial x_3} + \rho b_1 = 0$$
$$\frac{\partial \sigma_{12}}{\partial x_1} + \frac{\partial \sigma_{22}}{\partial x_2} + \frac{\partial \sigma_{32}}{\partial x_3} + \rho b_2 = 0$$
$$\frac{\partial \sigma_{13}}{\partial x_1} + \frac{\partial \sigma_{23}}{\partial x_2} + \frac{\partial \sigma_{33}}{\partial x_3} + \rho b_3 = 0$$

원통 좌표

$$\frac{\partial \sigma_{rr}}{\partial r} + \frac{1}{r}\frac{\partial \sigma_{r\theta}}{\partial \theta} + \frac{\partial \sigma_{rz}}{\partial z} + \frac{1}{r}(\sigma_{rr} - \sigma_{\theta\theta}) + \rho_0 b_r = 0$$
$$\frac{\partial \sigma_{r\theta}}{\partial r} + \frac{1}{r}\frac{\partial \sigma_{\theta\theta}}{\partial \theta} + \frac{\partial \sigma_{\theta z}}{\partial z} + \frac{2}{r}\sigma_{r\theta} + \rho_0 b_\theta = 0$$
$$\frac{\partial \sigma_{zr}}{\partial r} + \frac{1}{r}\frac{\partial \sigma_{z\theta}}{\partial \theta} + \frac{\partial \sigma_{zz}}{\partial z} + \frac{1}{r}\sigma_{zr} + \rho_0 b_z = 0$$

구성 방정식

$$\sigma_{ij} = \lambda \epsilon_{kk}\delta_{ij} + 2\mu\epsilon_{ij}$$

Cartesian 좌표

$$\sigma_{11} = \lambda(\epsilon_{11} + \epsilon_{22} + \epsilon_{33}) + 2\mu\epsilon_{11}$$
$$\sigma_{22} = \lambda(\epsilon_{11} + \epsilon_{22} + \epsilon_{33}) + 2\mu\epsilon_{22}$$
$$\sigma_{33} = \lambda(\epsilon_{11} + \epsilon_{22} + \epsilon_{33}) + 2\mu\epsilon_{33}$$
$$\sigma_{12} = 2\mu\epsilon_{12}$$
$$\sigma_{23} = 2\mu\epsilon_{23}$$
$$\sigma_{13} = 2\mu\epsilon_{13}$$

원통 좌표

$$\sigma_{rr} = \lambda(\epsilon_{rr} + \epsilon_{\theta\theta} + \epsilon_{zz}) + 2\mu\epsilon_{rr}$$
$$\sigma_{\theta\theta} = \lambda(\epsilon_{rr} + \epsilon_{\theta\theta} + \epsilon_{zz}) + 2\mu\epsilon_{\theta\theta}$$
$$\sigma_{zz} = \lambda(\epsilon_{rr} + \epsilon_{\theta\theta} + \epsilon_{zz}) + 2\mu\epsilon_{zz}$$
$$\sigma_{r\theta} = 2\mu\epsilon_{r\theta}$$
$$\sigma_{\theta z} = 2\mu\epsilon_{\theta z}$$
$$\sigma_{rz} = 2\mu\epsilon_{rz}$$

변형률-변위 관계식

$$\epsilon_{ij} = \frac{1}{2}\left(\frac{\partial u_i}{\partial x_j} + \frac{\partial u_j}{\partial x_i}\right)$$

Cartesian 좌표

$$\epsilon_{11} = \frac{\partial u_1}{\partial x_1}$$

$$\epsilon_{22} = \frac{\partial u_2}{\partial x_2}$$

$$\epsilon_{33} = \frac{\partial u_3}{\partial x_3}$$

$$\epsilon_{12} = \frac{1}{2}\left(\frac{\partial u_1}{\partial x_2} + \frac{\partial u_2}{\partial x_1}\right)$$

$$\epsilon_{23} = \frac{1}{2}\left(\frac{\partial u_2}{\partial x_3} + \frac{\partial u_3}{\partial x_2}\right)$$

$$\epsilon_{13} = \frac{1}{2}\left(\frac{\partial u_1}{\partial x_3} + \frac{\partial u_3}{\partial x_1}\right)$$

원통 좌표

$$\epsilon_{rr} = \frac{\partial u_r}{\partial r}$$

$$\epsilon_{\theta\theta} = \frac{1}{r}\left(\frac{\partial u_\theta}{\partial \theta} + u_r\right)$$

$$\epsilon_{zz} = \frac{\partial u_z}{\partial z}$$

$$\epsilon_{r\theta} = \frac{1}{2}\left(\frac{1}{r}\frac{\partial u_r}{\partial \theta} + \frac{\partial u_\theta}{\partial r} - \frac{u_\theta}{r}\right)$$

$$\epsilon_{\theta z} = \frac{1}{2}\left(\frac{\partial u_\theta}{\partial z} + \frac{1}{r}\frac{\partial u_z}{\partial \theta}\right)$$

$$\epsilon_{rz} = \frac{1}{2}\left(\frac{\partial u_r}{\partial z} + \frac{\partial u_z}{\partial r}\right)$$

Navier 방정식

$$(\lambda + \mu)u_{i,ij} + \mu u_{j,ii} + \rho b_j = 0$$

Cartesian 좌표

$$(\lambda + \mu)\left(\frac{\partial^2 u_1}{\partial x_1^2} + \frac{\partial^2 u_2}{\partial x_1 \partial x_2} + \frac{\partial^2 u_3}{\partial x_1 \partial x_3}\right) + \mu \nabla^2 u_1 + \rho b_1 = 0$$

$$(\lambda+\mu)\left(\frac{\partial^2 u_1}{\partial x_2 \partial x_1}+\frac{\partial^2 u_2}{\partial x_2^2}+\frac{\partial^2 u_3}{\partial x_2 \partial x_3}\right)+\mu\nabla^2 u_2+\rho b_2=0$$

$$(\lambda+\mu)\left(\frac{\partial^2 u_1}{\partial x_3 \partial x_1}+\frac{\partial^2 u_2}{\partial x_3 \partial x_2}+\frac{\partial^2 u_3}{\partial x_3^2}\right)+\mu\nabla^2 u_3+\rho b_3=0$$

여기서

$$\nabla^2=\frac{\partial^2}{\partial x_1^2}+\frac{\partial^2}{\partial x_2^2}+\frac{\partial^2}{\partial x_3^2}$$

원통 좌표

$$(\lambda+\mu)\frac{\partial}{\partial r}\left(\frac{1}{r}\frac{\partial(ru_r)}{\partial r}+\frac{1}{r}\frac{\partial u_\theta}{\partial\theta}+\frac{\partial u_z}{\partial z}\right)+\mu\nabla^2 u_r+\rho b_r=0$$

$$(\lambda+\mu)\frac{1}{r}\frac{\partial}{\partial\theta}\left(\frac{1}{r}\frac{\partial(ru_r)}{\partial r}+\frac{1}{r}\frac{\partial u_\theta}{\partial\theta}+\frac{\partial u_z}{\partial z}\right)+\mu\nabla^2 u_\theta+\rho b_\theta=0$$

$$(\lambda+\mu)\frac{\partial}{\partial z}\left(\frac{1}{r}\frac{\partial(ru_r)}{\partial r}+\frac{1}{r}\frac{\partial u_\theta}{\partial\theta}+\frac{\partial u_z}{\partial z}\right)+\mu\nabla^2 u_z+\rho b_z=0$$

여기서

$$\nabla^2=\frac{\partial^2}{\partial r^2}+\frac{1}{r}\frac{\partial}{\partial r}+\frac{1}{r^2}\frac{\partial^2}{\partial\theta^2}+\frac{\partial^2}{\partial z^2}$$

6.7 평면 문제

복잡한 3차원 문제를 한 차원 낮추어서 2차원 문제로 만들 수 있다면 해석하는 수고를 덜 수 있어서 많은 이득을 얻게 된다. 여기서는 반평면(antiplane), 평면 응력(plane stress), 그리고 평면 변형률(plane strain)의 사례를 소개하기로 한다. 평면 상태에서의 표기상의 유의점은 지수를 사용할 때 i,j 등을 사용하지 않고 그리스 문자인 α,β등을 사용하여 표시하게 되는데 이는 지수의 범위가 더 이상 1,2,3이 아니라 1,2에 국한되기 때문에 줄 수 있는 혼란을 피하기 위해서이다.

■ 반평면(antiplane) 문제

반평면 상태는 변위 조건이 $u_1=u_2=0$ 이며, $u_3=u_3(x_1,x_2)$인 경우로 정의한다. 위의 조건을 변형률-변위 관계식에 대입하면 다음과 같은 결과를 얻게 된다.

$$\epsilon_{11}=\epsilon_{12}=\epsilon_{22}=\epsilon_{33}=0 \tag{6.7.1}$$

$$\begin{aligned}\epsilon_{13} &= \frac{1}{2}(u_{1,3}+u_{3,1})=\frac{1}{2}u_{3,1}\\ \epsilon_{23} &= \frac{1}{2}(u_{2,3}+u_{3,2})=\frac{1}{2}u_{3,2}\end{aligned} \tag{6.7.2}$$

한편, 0이 아닌 두 변형률을 식(6.7.2)에서 지수를 사용하여 하나의 식으로 표현하면 다음과 같다.

$$\epsilon_{\alpha 3} = \frac{1}{2}u_{3,\alpha} \tag{6.7.3}$$

여기서 $\alpha=1,2$ 이다. 반평면 상태에서의 응력을 구하기 위해서 식(6.7.1)과 식(6.7.2)를 식(6.5.1)의 구성 방정식에 대입하여 정리하면 다음과 같다.

$$\sigma_{11}=\sigma_{12}=\sigma_{22}=\sigma_{33}=0 \tag{6.7.4}$$

$$\begin{aligned}\sigma_{13} &= 2\mu\epsilon_{13}=\mu u_{3,1}\\ \sigma_{23} &= 2\mu\epsilon_{23}=\mu u_{3,2}\end{aligned} \tag{6.7.5}$$

여기서 식(6.7.5)에서 0이 아닌 두 응력 σ_{13}, σ_{23}을 지수를 사용하여 표시하면 다음과 같다.

$$\sigma_{\alpha 3}=\mu u_{3,\alpha} \tag{6.7.6}$$

평형 방정식인 식(6.5.3)에 식(6.7.6)을 대입하면 다음과 같이 반평면 상태에서의 평형 방정식을 얻게 된다.

$$\sigma_{\alpha 3,\alpha}+\rho b_3=0 \tag{6.7.7}$$

또는

$$\frac{\partial \sigma_{13}}{\partial x_1}+\frac{\partial \sigma_{23}}{\partial x_2}+\rho b_3=0 \tag{6.7.8}$$

한편, 식(6.7.6)을 식(6.7.7)에 대입하면 변위로 표시된 평형 방정식은 다음과 같이 주어진다.

$$\mu u_{3,\alpha\alpha}+\rho b_3=0 \tag{6.7.9}$$

또는

$$\mu\nabla^2 u_3 + \rho b_3 = 0 \tag{6.7.10}$$

여기서

$$\nabla^2 = \frac{\partial^2}{\partial x_1^2} + \frac{\partial^2}{\partial x_2^2} \tag{6.7.11}$$

■ 원통 좌표와 반평면 방정식

반평면 상태에서는 $u_r = u_\theta = 0$ 이며, $u_z = u_z(\mathrm{r}, \theta)$이므로 변형률은 다음과 같이 주어진다.

$$\begin{aligned} &\epsilon_{rr} = \epsilon_{r\theta} = \epsilon_{\theta\theta} = \epsilon_{zz} = 0 \\ &\epsilon_{\theta z} = \frac{1}{2}\left(\frac{1}{r}\frac{\partial u_z}{\partial \theta}\right), \qquad \epsilon_{rz} = \frac{1}{2}\frac{\partial u_z}{\partial r} \end{aligned} \tag{6.7.12}$$

구성 방정식은 $\sigma_{rr} = \sigma_{\theta\theta} = \sigma_{zz} = \sigma_{r\theta} = 0$이 되며 나머지 응력들은

$$\sigma_{\theta z} = \mu\left(\frac{1}{r}\frac{\partial u_z}{\partial \theta}\right), \qquad \sigma_{rz} = \mu\frac{\partial u_z}{\partial r} \tag{6.7.13}$$

평형 방정식은 다음과 같이 주어진다.

$$\frac{\partial \sigma_{rz}}{\partial r} + \frac{1}{r}\frac{\partial \sigma_{\theta z}}{\partial \theta} + \frac{1}{r}\sigma_{rz} + \rho b_z = 0 \tag{6.7.14}$$

변위로 표시된 평형 방정식은 다음과 같이 주어진다.

$$\mu\nabla^2 u_z + \rho b_z = 0 \tag{6.7.15}$$

여기서

$$\nabla^2 = \frac{\partial^2}{\partial r^2} + \frac{1}{r}\frac{\partial}{\partial r} + \frac{1}{r^2}\frac{\partial^2}{\partial\theta^2} \tag{6.7.16}$$

■ 평면 변형률 문제

한 방향의 변위를 0으로 놓을 수 있을 때, 3차원 문제는 2차원으로 축소될 수 있으며 이러한 상태를 평면 변형률 상태라고 정의한다. 예를 들어, $u_3=0$으로 하면 변위 u_1, u_2는 다음과 같이 두 좌표 x_1, x_2의 함수로 정의된다.

$$\begin{aligned} u_1 &= u_1(x_1, x_2) \\ u_2 &= u_2(x_1, x_2) \end{aligned} \tag{6.7.17}$$

또는

$$u_\alpha = u_\alpha(x_1, x_2) \tag{6.7.18}$$

식(6.7.17)을 식(6.5.4)에 대입하면 u_1, u_2는 x_1, x_2만의 함수이므로 다음과 같은 결과를 얻게 되며

$$\begin{aligned} \epsilon_{13} &= \frac{1}{2}(u_{1,3} + u_{3,1}) = 0 \\ \epsilon_{23} &= \frac{1}{2}(u_{2,3} + u_{3,2}) = 0 \\ \epsilon_{33} &= \frac{1}{2}(u_{3,3} + u_{3,3}) = 0 \end{aligned} \tag{6.7.19}$$

나머지 변형률은 다음과 같이 쓸 수 있다.

$$\epsilon_{\alpha\beta} = \frac{1}{2}(u_{\alpha,\beta} + u_{\beta,\alpha}) \tag{6.7.20}$$

식(6.7.19)과 식(6.7.20)을 식(6.5.1)의 구성 방정식에 대입하여 정리하면 다음과 같다.

$$\begin{aligned} \sigma_{11} &= \lambda(\epsilon_{11} + \epsilon_{22} + \epsilon_{33}) + 2\mu\epsilon_{11} = \lambda(\epsilon_{11} + \epsilon_{22}) + 2\mu\epsilon_{11} \\ \sigma_{12} &= 2\mu\epsilon_{12} \\ \sigma_{22} &= \lambda(\epsilon_{11} + \epsilon_{22}) + 2\mu\epsilon_{22} \end{aligned} \tag{6.7.21}$$

또한, $\sigma_{13}=\sigma_{23}=0$이 된다. 식(6.7.21)에서 0이 아닌 응력 성분들을 지수로 표시하면 다음과 같이 쓸 수 있다.

$$\sigma_{\alpha\beta} = \lambda\epsilon_{\gamma\gamma}\delta_{\alpha\beta} + 2\mu\epsilon_{\alpha\beta} \tag{6.7.22}$$

여기서 $\epsilon_{\gamma\gamma}=\epsilon_{11}+\epsilon_{22}$이다. 평면 변형률 상태에서 유의해야 할 점은 다음과 같이 σ_{33}가 존재한다는 것이다.

$$\sigma_{33} = \lambda(\epsilon_{11} + \epsilon_{22}) = \lambda\epsilon_{\gamma\gamma} \tag{6.7.23}$$

식(6.7.22)의 양변에 지수 β를 α로 치환하여 대각합을 취하면

$$\sigma_{\alpha\alpha} = \lambda\epsilon_{\gamma\gamma}\delta_{\alpha\alpha} + 2\mu\epsilon_{\alpha\alpha} = 2\lambda\epsilon_{\gamma\gamma} + 2\mu\epsilon_{\alpha\alpha} = 2(\lambda+\mu)\epsilon_{\alpha\alpha} \tag{6.7.24}$$

또는

$$\sigma_{\gamma\gamma} = 2(\lambda+\mu)\epsilon_{\gamma\gamma} \tag{6.7.25}$$

식(6.7.25)를 식(6.7.23)에 대입하면 σ_{33}는 다음과 같이 응력 항으로 표시할 수 있다.

$$\sigma_{33} = \frac{\lambda}{2(\lambda+\mu)}\sigma_{\gamma\gamma} \tag{6.7.26}$$

한편, 식(6.7.22)에 식(6.7.20)을 대입하면 변위 항으로만 이루어진 응력을 얻게 된다.

$$\sigma_{\alpha\beta} = \lambda u_{\gamma,\gamma}\delta_{\alpha,\beta} + \mu u_{\alpha,\beta} \tag{6.7.27}$$

평면 변형률 상태에 대한 Navier 방정식을 유도하기 위하여 식(6.7.27)의 양변을 x_α로 미분하면 다음과 같이 표시할 수 있다.

$$\sigma_{\alpha\beta,\alpha} = \lambda u_{\gamma,\gamma\beta} + \mu(u_{\alpha,\beta\alpha} + u_{\beta,\alpha\alpha}) = (\lambda+\mu)u_{\alpha,\alpha\beta} + \mu u_{\beta,\alpha\alpha} \tag{6.7.28}$$

식(6.7.28)을 식(6.5.3)에 대입하여 정리하면 평면 변형률 상태에서의 Navier 방정식은 다음과 같이 주어진다.

$$(\lambda+\mu)u_{\alpha,\alpha\beta} + \mu u_{\beta,\alpha\alpha} + \rho b_\beta = 0 \tag{6.7.29}$$

또는

$$(\lambda+\mu)\nabla(\nabla \cdot \mathrm{u}) + \mu\nabla^2\mathrm{u} + \rho\mathrm{b} = 0 \tag{6.7.30}$$

■ 원통 좌표와 평면 변형률 방정식

평면 변형률 조건은 다음과 같다.

$$u_r = u_r(r,\theta), \qquad u_\theta = u_\theta(r,\theta), \qquad u_z = 0 \tag{6.7.31}$$

변형률은 $\epsilon_{rz}=\epsilon_{\theta z}+\epsilon_{zz}=0$ 이며 나머지 항들은 다음과 같다.

$$\begin{aligned}
\epsilon_{rr} &= \frac{\partial u_r}{\partial r}, \\
\epsilon_{\theta\theta} &= \frac{1}{r}\left(\frac{\partial u_\theta}{\partial \theta} + u_r\right), \\
\epsilon_{r\theta} &= \frac{1}{2}\left(\frac{1}{r}\frac{\partial u_r}{\partial r} + \frac{\partial u_\theta}{\partial r} - \frac{u_\theta}{r}\right)
\end{aligned} \tag{6.7.32}$$

구성 방정식은 다음과 같이 주어진다.

$$\begin{aligned}
\sigma_{rr} &= \lambda\epsilon_{kk} + 2\mu\epsilon_{rr} = \lambda\left(\frac{\partial u_r}{\partial r} + \frac{1}{r}\frac{\partial u_\theta}{\partial \theta} + \frac{u_r}{r}\right) + 2\mu\frac{\partial u_r}{\partial r} \\
\sigma_{\theta\theta} &= \lambda\epsilon_{kk} + 2\mu\epsilon_{\theta\theta} = \lambda\left(\frac{\partial u_r}{\partial r} + \frac{1}{r}\frac{\partial u_\theta}{\partial \theta} + \frac{u_r}{r}\right) + 2\mu\left(\frac{1}{r}\frac{\partial u_\theta}{\partial \theta} + \frac{u_r}{r}\right) \\
\sigma_{r\theta} &= 2\mu\epsilon_{r\theta} = \mu\left(\frac{1}{r}\frac{\partial u_r}{\partial r} + \frac{\partial u_\theta}{\partial r} - \frac{u_\theta}{r}\right) \\
\sigma_{zz} &= \lambda\epsilon_{kk} + 2\mu\epsilon_{zz} = \lambda\left(\frac{\partial u_r}{\partial r} + \frac{1}{r}\frac{\partial u_\theta}{\partial \theta} + \frac{u_r}{r}\right) \\
\sigma_{rz} &= \sigma_{\theta z} = 0
\end{aligned} \tag{6.7.33}$$

평형 방정식은 다음과 같이 주어진다.

$$\begin{aligned}\frac{\partial \sigma_{rr}}{\partial r}+\frac{1}{r}\frac{\partial \sigma_{r\theta}}{\partial \theta}+\frac{1}{r}(\sigma_{rr}-\sigma_{\theta\theta})+f_r=0,\\ \frac{\partial \sigma_{r\theta}}{\partial r}+\frac{1}{r}\frac{\partial \sigma_{\theta\theta}}{\partial \theta}+\frac{2}{r}\sigma_{r\theta}+f_\theta=0\end{aligned} \tag{6.7.34}$$

■ 평면 응력 문제

평면 응력 상태에서는 응력 성분 $\sigma_{13}=\sigma_{23}=\sigma_{33}=0$ 이 되며, 남은 응력 성분은 $\sigma_{11}, \sigma_{22}, \sigma_{12}$가 된다. 평면 응력 상태에서는 응력은 다음과 같이 x_1과 x_2의 함수로 표현된다.

$$\sigma_{\alpha\beta}=\sigma_{\alpha\beta}(x_1, x_2) \tag{6.7.35}$$

변형률과 응력의 관계식은 다음과 같이 정의되므로

$$\begin{aligned}\epsilon_{11}&=\frac{1}{E}\{\sigma_{11}-\nu(\sigma_{22}+\sigma_{33})\}\\ \epsilon_{22}&=\frac{1}{E}\{\sigma_{22}-\nu(\sigma_{11}+\sigma_{33})\}\\ \epsilon_{33}&=\frac{1}{E}\{\sigma_{33}-\nu(\sigma_{11}+\sigma_{22})\}\\ \epsilon_{23}&=\frac{1+\nu}{E}\sigma_{23}\\ \epsilon_{13}&=\frac{1+\nu}{E}\sigma_{13}\\ \epsilon_{12}&=\frac{1+\nu}{E}\sigma_{12}\end{aligned} \tag{6.7.36}$$

식(6.7.36)을 하나의 식으로 표시하면 다음과 같다.

$$\epsilon_{ij} = \frac{(1+\nu)}{E}\sigma_{ij} - \frac{\nu}{E}\sigma_{kk}\delta_{ij} \qquad (6.7.37)$$

여기서 $\sigma_{13}=\sigma_{23}=0$ 에 대응하는 변형률은 $\epsilon_{13}=\epsilon_{23}=0$ 이므로 식(6.7.37)은 다음과 같이 고쳐 쓸 수 있다.

$$\epsilon_{\alpha\beta} = \frac{(1+\nu)}{E}\sigma_{\alpha\beta} - \frac{\nu}{E}\sigma_{\gamma\gamma}\delta_{\alpha\beta} \qquad (6.7.38)$$

한편, $\sigma_{33}=0$을 식(6.7.36)에 적용하면 ϵ_{33}는 다음과 같이 주어진다.

$$\epsilon_{33} = -\frac{\nu}{E}(\sigma_{11}+\sigma_{22}) = -\frac{\nu}{E}\sigma_{\gamma\gamma} \qquad (6.7.39)$$

식(6.7.38)에서 지수 β를 α로 치환하는 대각합을 취하면 다음과 같다.

$$\epsilon_{\alpha\alpha} = \frac{(1+\nu)}{E}\sigma_{\alpha\alpha} - \frac{2\nu}{E}\sigma_{\gamma\gamma} = \frac{1-\nu}{E}\sigma_{\alpha\alpha} \qquad (6.7.40)$$

식(6.7.40)을 식(6.7.39)에 대입하면 ϵ_{33}는 다음과 같이 변형률의 항으로 표시된다.

$$\epsilon_{33} = -\frac{\nu}{1-\nu}\epsilon_{\alpha\alpha} = -\frac{\lambda}{\lambda+2\mu}\epsilon_{\alpha\alpha} \qquad (6.7.41)$$

평면 응력 상태의 구성 방정식을 응력 항에 대하여 정리하기 위해서 다음과 같이 식(6.5.1)을 사용한다.

$$\sigma_{ij} = \lambda\epsilon_{kk}\delta_{ij} + 2\mu\epsilon_{ij} \tag{6.7.42}$$

여기서 주의해야 할 점은 $\epsilon_{kk} \neq \epsilon_{11} + \epsilon_{22}$ 라는 것이며, ϵ_{kk}는 식(6.7.41)을 포함하여 다음과 같이 얻어진다.

$$\epsilon_{kk} = \epsilon_{\alpha\alpha} + \epsilon_{33} = \frac{2\mu}{\lambda + 2\mu}\epsilon_{\alpha\alpha} \tag{6.7.43}$$

식(6.7.43)을 식(6.7.42)에 대입하고 지수를 정리하면 다음과 같은 구성 방정식을 얻는다.

$$\sigma_{\alpha\beta} = \frac{2\mu\lambda}{\lambda + 2\mu}\epsilon_{\gamma\gamma}\delta_{\alpha\beta} + 2\mu\epsilon_{\alpha\beta} \tag{6.7.44}$$

식(6.7.44)에 식(6.5.4)의 변형률-변위 관계식을 대입하면

$$\sigma_{\alpha\beta} = \frac{2\mu\lambda}{\lambda + 2\mu}u_{\gamma,\gamma}\delta_{\alpha\beta} + \mu(u_{\alpha,\beta} + u_{\beta,\alpha}) \tag{6.7.45}$$

식(6.7.45)의 양변을 x_{α}로 미분하면 다음과 같은 결과를 얻는다.

$$\sigma_{\alpha\beta,\alpha} = \frac{2\mu\lambda}{\lambda + 2\mu}u_{\gamma,\gamma\beta} + \mu(u_{\alpha,\beta\alpha} + u_{\beta,\alpha\alpha}) = \frac{\mu(3\lambda + 2\mu)}{\lambda + 2\mu}u_{\alpha,\beta\alpha} + \mu u_{\beta,\alpha\alpha} \tag{6.7.46}$$

식(6.7.46)을 평형 방정식에 대입하면 다음과 같이 평면 응력 상태에서의 Navier 방정식을 얻을 수 있다.

$$\frac{\mu(3\lambda + 2\mu)}{\lambda + 2\mu}u_{\alpha,\beta\alpha} + \mu u_{\beta,\alpha\alpha} + \rho b_{\beta} = 0 \tag{6.7.47}$$

또는

$$\frac{\mu(3\lambda+2\mu)}{\lambda+2\mu}\nabla(\nabla \cdot \mathrm{u})+\mu\nabla^2\mathrm{u}+\rho\mathrm{b}=0 \qquad (6.7.48)$$

■ 원통 좌표와 평면 응력 방정식

평면 응력 상태의 응력은 $\sigma_{zz}=\sigma_{rz}=\sigma_{\theta z}=0$ 이며 나머지 응력들은

$$\sigma_{rr}=\sigma_{rr}(r,\theta), \qquad \sigma_{\theta\theta}=\sigma_{\theta\theta}(r,\theta), \qquad \sigma_{r\theta}=\sigma_{r\theta}(r,\theta) \quad (6.7.49)$$

변형률은 $\epsilon_{rz}=\epsilon_{\theta z}=0$ 이며 나머지 변형률은

$$\begin{aligned} \epsilon_{rr} &= \frac{\partial u_r}{\partial r}, \\ \epsilon_{\theta\theta} &= \frac{1}{r}\left(\frac{\partial u_\theta}{\partial \theta}+u_r\right), \\ \epsilon_{r\theta} &= \frac{1}{2}\left(\frac{1}{r}\frac{\partial u_r}{\partial r}+\frac{\partial u_\theta}{\partial r}-\frac{u_\theta}{r}\right) \\ \epsilon_{zz} &= \frac{\partial u_z}{\partial z} \end{aligned} \qquad (6.7.50)$$

구성 방정식은 다음과 같다.

$$\begin{aligned} \sigma_{rr} &= \lambda\epsilon_{kk}+2\mu\epsilon_{rr}=\lambda\left(\frac{\partial u_r}{\partial r}+\frac{1}{r}\frac{\partial u_\theta}{\partial \theta}+\frac{u_r}{r}+\frac{\partial u_z}{\partial z}\right)+2\mu\frac{\partial u_r}{\partial r} \\ \sigma_{\theta\theta} &= \lambda\epsilon_{kk}+2\mu\epsilon_{\theta\theta}=\lambda\left(\frac{\partial u_r}{\partial r}+\frac{1}{r}\frac{\partial u_\theta}{\partial \theta}+\frac{u_r}{r}+\frac{\partial u_z}{\partial z}\right)+2\mu\left(\frac{1}{r}\frac{\partial u_\theta}{\partial \theta}+\frac{u_r}{r}\right) \\ \sigma_{r\theta} &= 2\mu\epsilon_{r\theta}=\mu\left(\frac{1}{r}\frac{\partial u_r}{\partial r}+\frac{\partial u_\theta}{\partial r}-\frac{u_\theta}{r}\right) \\ \sigma_{zz} &= \sigma_{rz}=\sigma_{\theta z}=0 \end{aligned} \qquad (6.7.51)$$

여기서 평면 응력의 조건인 $\sigma_{zz}=0$을 구성 방정식에 적용하면

$$\begin{aligned}\sigma_{zz} &= \lambda\epsilon_{kk}+2\mu\epsilon_{zz}\\ &= \lambda\left(\frac{\partial u_r}{\partial r}+\frac{1}{r}\frac{\partial u_\theta}{\partial\theta}+\frac{u_r}{r}+\frac{\partial u_z}{\partial z}\right)+2\mu\frac{\partial u_z}{\partial z}\\ &= (\lambda+2\mu)\frac{\partial u_z}{\partial z}+\lambda\left(\frac{\partial u_r}{\partial r}+\frac{1}{r}\frac{\partial u_\theta}{\partial\theta}+\frac{u_r}{r}\right)=0\end{aligned} \tag{6.7.52}$$

식(6.7.52)에서 변위의 구배 $\partial u_z/\partial z$를 다음과 같이 얻는다.

$$\frac{\partial u_z}{\partial z}=-\frac{\lambda}{\lambda+2\mu}\left(\frac{\partial u_r}{\partial r}+\frac{1}{r}\frac{\partial u_\theta}{\partial\theta}+\frac{u_r}{r}\right) \tag{6.7.53}$$

식(6.7.52)을 식(6.7.51)의 각항에 대입하면 최종적으로 다음과 같은 결과를 얻게 된다.

$$\begin{aligned}\sigma_{rr} &= \frac{2\lambda\mu}{\lambda+2\mu}\left(\frac{\partial u_r}{\partial r}+\frac{1}{r}\frac{\partial u_\theta}{\partial\theta}+\frac{u_r}{r}\right)+2\mu\frac{\partial u_r}{\partial r}\\ \sigma_{\theta\theta} &= \frac{2\lambda\mu}{\lambda+2\mu}\left(\frac{\partial u_r}{\partial r}+\frac{1}{r}\frac{\partial u_\theta}{\partial\theta}+\frac{u_r}{r}\right)+2\mu\left(\frac{1}{r}\frac{\partial u_\theta}{\partial\theta}+\frac{u_r}{r}\right)\\ \sigma_{r\theta} &= \mu\left(\frac{1}{r}\frac{\partial u_r}{\partial r}+\frac{\partial u_\theta}{\partial r}-\frac{u_\theta}{r}\right)\\ \sigma_{zz} &= \sigma_{rz}=\sigma_{\theta z}=0\end{aligned} \tag{6.7.54}$$

평형 방정식은 다음과 같이 주어진다.

$$\begin{aligned}\frac{\partial\sigma_{rr}}{\partial r}+\frac{1}{r}\frac{\partial\sigma_{r\theta}}{\partial\theta}+\frac{1}{r}(\sigma_{rr}-\sigma_{\theta\theta})+\rho b_r=0,\\ \frac{\partial\sigma_{r\theta}}{\partial r}+\frac{1}{r}\frac{\partial\sigma_{\theta\theta}}{\partial\theta}+\frac{2}{r}\sigma_{r\theta}+\rho b_\theta=0\end{aligned} \tag{6.7.55}$$

6.8 열탄성 방정식(Thermoelastic equations)

역학적인 조건 외에 온도의 변화를 고려해야 하는 경우에는 위에서 유도한 방정식들을 그대로 사용할 수 없다. 열의 영향을 고려하는 경우의 탄성 문제를 열탄성(thermoelastic)문제라고 한다. 가장 기본적인 열탄성 문제는 온도 변화에 의한 변형과 역학적인 하중에 의한 변위가 독립되어 있다는 가정에서 출발하며 전체 변형률을 역학적인 하중으로 인한 변형률 $\boldsymbol{\epsilon}^{(e)}$과 온도 변화로 인한 변형률 $\boldsymbol{\epsilon}^{(t)}$의 두 부분으로 나누어 다음과 같이 표시한다.

$$\boldsymbol{\epsilon} = \boldsymbol{\epsilon}^{(e)} + \boldsymbol{\epsilon}^{(t)}, \qquad \epsilon_{ij} = \epsilon_{ij}^{(e)} + \epsilon_{ij}^{(t)} \tag{6.8.1}$$

온도 변화로 인한 변형률은 다음과 같이 주어진다.

$$\boldsymbol{\epsilon}^{(t)} = \alpha \Delta \mathrm{T} \mathrm{I}, \qquad \epsilon_{ij}^{(t)} = \alpha \Delta T \delta_{ij} \tag{6.8.2}$$

여기서 α는 열팽창계수(coefficient of thermal expansion)이며 $\Delta T = T - T_a$는 고체의 온도 T와 주위 온도 T_a의 차이 값이다. 응력에 의한 변형률 식(6.4.3)과 온도 변화에 의한 변형률 식(6.8.2)를 식(6.8.1)에 대입하면 다음과 같은 결과를 얻게 된다.

$$\boldsymbol{\epsilon} = \frac{1}{2\mu}\left(\boldsymbol{\sigma} - \frac{\lambda}{3\lambda + 2\mu}\mathrm{tr}(\boldsymbol{\sigma})\mathrm{I}\right) + \alpha \Delta \mathrm{T} \mathrm{I} \tag{6.8.3}$$

또는

$$\epsilon_{ij} = \frac{1}{2\mu}\left(\sigma_{ij} - \frac{\lambda}{3\lambda + 2\mu}\sigma_{kk}\delta_{ij}\right) + \alpha \Delta T \delta_{ij} \tag{6.8.4}$$

식(6.8.3)은 변형률에 관하여 정리되어 있으므로 응력에 대한 식으로 바꾸기 위해서는 양변에 대각합을 다음과 같이 취한다.

$$\begin{aligned} \mathrm{tr}(\epsilon) &= \frac{1}{2\mu}\left(\mathrm{tr}(\sigma) - \frac{\lambda}{3\lambda+2\mu}\mathrm{tr}(\sigma)\mathrm{tr}(\mathrm{I})\right) + \alpha\Delta\mathrm{T}\,\mathrm{tr}(\mathrm{I}) \\ &= \frac{1}{2\mu}\left(\mathrm{tr}(\sigma) - \frac{3\lambda}{3\lambda+2\mu}\mathrm{tr}(\sigma)\right) + 3\alpha\Delta\mathrm{T} \\ &= \frac{1}{3\lambda+2\mu}\mathrm{tr}(\sigma) + 3\alpha\Delta\mathrm{T} \end{aligned} \tag{6.8.5}$$

식(6.8.5)에서 응력에 대하여 정리하면

$$\mathrm{tr}(\sigma) = (3\lambda+2\mu)\,(\mathrm{tr}(\epsilon) - 3\alpha\Delta\mathrm{T}) \tag{6.8.6}$$

식(6.8.6)을 식(6.8.3)에 대입하고 응력에 관한 식으로 정리하면 다음과 같은 열탄성 구성 방정식(thermoelastic constitutive equation)을 얻는다.

$$\sigma = \lambda\,\mathrm{tr}(\epsilon)\mathrm{I} + 2\mu\epsilon - (3\lambda+2\mu)\alpha\Delta\mathrm{T}\,\mathrm{I} \tag{6.8.7}$$

또는

$$\sigma_{ij} = \lambda\epsilon_{kk}\delta_{ij} + 2\mu\epsilon_{ij} - (3\lambda+2\mu)\alpha\Delta T\delta_{ij} \tag{6.8.8}$$

이번에는 열탄성 구성 방정식에 대한 Navier 방정식을 유도하기 위해서 식(6.8.7)에 식(6.5.4)의 변형률-변위 관계식을 적용하면

$$\begin{aligned} \sigma &= \lambda\,\mathrm{tr}(\epsilon)\mathrm{I} + 2\mu\epsilon - (3\lambda+2\mu)\alpha\Delta\mathrm{T}\,\mathrm{I} \\ &= \lambda(\nabla \cdot \mathrm{u})\mathrm{I} + \mu\{(\nabla\mathrm{u})^{\mathrm{T}} + \nabla\mathrm{u}\} - (3\lambda+2\mu)\alpha\Delta\mathrm{T}\,\mathrm{I} \end{aligned} \tag{6.8.9}$$

식(6.8.9)의 양변에 발산을 취하고 정리하면 다음과 같이 쓸 수 있다.

$$\nabla \cdot \sigma = (\lambda+\mu)\nabla(\nabla \cdot \mathrm{u}) + \mu\nabla^2\mathrm{u} - (3\lambda+2\mu)\alpha\nabla(\Delta \mathrm{T}) \quad (6.8.10)$$

식(6.8.10)을 식(6.5.3)에 대입하면 최종적으로 열탄성 Navier 방정식은 다음과 같이 주어진다.

$$(\lambda+\mu)\nabla(\nabla \cdot \mathrm{u}) + \mu\nabla^2\mathrm{u} - (3\lambda+2\mu)\alpha\nabla(\Delta \mathrm{T}) + \rho\mathrm{b} = 0 \quad (6.8.11)$$

또는

$$(\lambda+\mu)u_{i,ij} + \mu u_{j,ii} - (3\lambda+2\mu)\alpha(\Delta T)_{,j} + \rho b_j = 0 \quad (6.8.12)$$

좌표로 전개하면 다음과 같다.

$$(\lambda+\mu)\left(\frac{\partial^2 u_1}{\partial x_1^2} + \frac{\partial^2 u_2}{\partial x_1 \partial x_2} + \frac{\partial^2 u_3}{\partial x_1 \partial x_3}\right) + \mu\nabla^2 u_1 - (3\lambda+2\mu)\alpha\frac{\partial(\Delta T)}{\partial x_1} + \rho b_1 = 0$$

$$(\lambda+\mu)\left(\frac{\partial^2 u_1}{\partial x_2 \partial x_1} + \frac{\partial^2 u_2}{\partial x_2^2} + \frac{\partial^2 u_3}{\partial x_2 \partial x_3}\right) + \mu\nabla^2 u_2 - (3\lambda+2\mu)\alpha\frac{\partial(\Delta T)}{\partial x_2} + \rho b_2 = 0$$

$$(\lambda+\mu)\left(\frac{\partial^2 u_1}{\partial x_3 \partial x_1} + \frac{\partial^2 u_2}{\partial x_3 \partial x_2} + \frac{\partial^2 u_3}{\partial x_3^2}\right) + \mu\nabla^2 u_3 - (3\lambda+2\mu)\alpha\frac{\partial(\Delta T)}{\partial x_3} + \rho b_3 = 0 \quad (6.8.13)$$

열의 효과를 고려한 탄성 문제에 있어서는 평형 방정식, 열탄성 구성 방정식, 변형률-변위 관계식에 추가로 열전도 방정식(에너지 방정식)이 추가된다. 그 이유는 재료에 대한 온도장이 필요하기 때문인데 열탄성 문제에서는 기존의 응력, 변형률, 변위를 고려한 미지수 15개와 온도 T가 추가되어 16개의 미지수를 갖게 되며, 먼저 열전도 방정식을 해석함으로써 온도 장(temperature field)을 얻게 된다. 열탄성 문제를 해석하기 위한 방정식을 정리해보면 다음과 같다.

평형 방정식과 6개의 응력 요소

$$\nabla \cdot \sigma + \rho \mathrm{b} = 0 \tag{6.8.14}$$

열탄성 구성 방정식과 6개의 응력-변형률 관계식

$$\sigma = \lambda \, \mathrm{tr}(\epsilon) \mathrm{I} + 2\mu\epsilon - (3\lambda + 2\mu)\alpha \Delta \mathrm{T} \, \mathrm{I} \tag{6.8.15}$$

변형률-변위 관계식과 3개의 변위 요소

$$\epsilon = \frac{1}{2}\{(\nabla \mathrm{u})^{\mathrm{T}} + \nabla \mathrm{u}\} \tag{6.8.16}$$

온도 장을 해석하기 위한 열전도 방정식(에너지 방정식)과 1개의 온도 요소

$$\rho c \frac{\partial T}{\partial t} = k \nabla^2 T \tag{6.8.17}$$

여기서 ρ는 밀도, c비열, k는 열전도 계수이다.

연습문제

1 선형 탄성 재료에 대한 응력장을 구하기 위해 필요한 방정식은 어떤 것인가?

2 응력을 구한 후에 변위를 구하는 방식에서는 어떤 문제가 있는가?

3 변위를 먼저 구하고 응력을 계산하는 방식은 어떤 과정을 거치는가?

4 Navier 방정식은 어떤 개념을 가지는가?

5 열탄성 문제를 해석하기 위해서는 어떤 방정식이 추가로 필요한가?

6 평면 변형률 상태에서는 구성 방정식이 어떻게 수정되어야 하는가?

7 평면 응력 상태에서는 구성 방정식이 어떻게 수정되어야 하는가?

8 평면 변형률 상태에서 응력 σ_{33}은 어떻게 처리하는가?

9 평면 응력 상태에서 변형률 ϵ_{33}은 어떻게 처리하는가?

10 등방성 재료에 대한 변위가 다음과 같이 주어졌을 때 다음의 질문에 답하시오.

$$u_1 = x_1^2 x_2$$
$$u_2 = x_1 + 3x_2 x_3^3$$
$$u_3 = x_3$$

a) 변형률-변위 관계식을 사용하여 변형률 텐서의 요소를 모두 구하시오.

b) 변형률을 구성 방정식에 대입하여 응력 텐서의 모든 요소를 계산하시오.

11 선형 탄성 재료에 대한 변형률 에너지 밀도를 Voigt 표기법으로 나타내면 다음과 같다. 지수 I,J에 대하여 모든 항으로 전개한 식으로 표시하시오.

$$w = \frac{1}{2}\sigma_I \epsilon_I = \frac{1}{2} C_{IJ} \epsilon_I \epsilon_J$$

12 등방성 재료에 대한 응력장이 다음과 같이 주어질 때 다음의 질문에 답하시오.

$$\begin{aligned}
\sigma_{11} &= x_1^2 + x_2 - 3x_3 \\
\sigma_{22} &= 2x_1 x_2^3 + x_2 x_3 \\
\sigma_{33} &= x_1 x_2 - 2x_3^2 \\
\sigma_{12} &= \sigma_{13} = \sigma_{23} = 0
\end{aligned}$$

a) 위에서 주어진 응력 장을 이용하여 변형률을 구하는 것이 가능한가?

b) 만일 가능하다면 변형률을 계산하시오.

c) 변형률과 변위와의 관계를 사용하여 변위를 구하는 것이 가능한가?

d) 가능하다면 변위를 구하고, 가능하지 않다면 그 이유를 설명하시오.

13 선형 탄성 등방성 재료에서 다음과 같이 응력이 주어진다. 평면 응력 상태에서의 변형률을 계산하시오.

$$\sigma_{11} = \sigma_{22} = \sigma_0,$$

$$\sigma_{33} = \sigma_{12} = \sigma_{13} = \sigma_{23} = 0$$

14 선형 탄성 재료에서 다음과 같이 변위가 측정되었으며 평면 변형률 상태를 가정한다.

$$u_1 = x_1^2 x_2 + 3x_2^2$$
$$u_2 = -2x_1 + 3x_2^3$$

a) 변형률을 계산하시오.

b) 응력을 계산하시오.

15 온도의 변화를 고려한 등방성 재료의 열탄성 구성 방정식이 다음과 같이 주어질 때 다음 식을 지수 표기법으로 표시하고 각 지수별로 전개하시오.

$$\sigma = \lambda \mathrm{tr}(\epsilon)\mathrm{I} + 2\mu\epsilon - (3\lambda + 2\mu)\alpha\Delta \mathrm{T}\,\mathrm{I}$$

16 등방성 재료에 대한 변형률로 표시한 열탄성 구성 방정식은 다음과 같이 주어진다. 다음 식을 지수 표기법으로 표시하고 지수별로 전개하여 Cartesian 좌표로 나타내시오.

$$\epsilon = \frac{1}{2\mu}\left(\sigma - \frac{\lambda}{3\lambda + 2\mu}\mathrm{tr}(\sigma)\mathrm{I}\right) + \alpha\Delta \mathrm{T}\mathrm{I}$$

17 선형 탄성 등방성 재료의 열탄성 구성 방정식은 다음과 같이 주어진다.

$$\sigma_{ij} = \lambda\epsilon_{kk}\delta_{ij} + 2\mu\epsilon_{ij} - (3\lambda + 2\mu)\alpha\Delta T\delta_{ij}$$

위식을 사용하여 다음과 같은 변형률의 식으로 유도하시오.

$$\epsilon_{ij} = \frac{1}{2\mu}\left(\sigma_{ij} - \frac{\lambda}{3\lambda + 2\mu}\sigma_{kk}\delta_{ij}\right) + \alpha\Delta T\delta_{ij}$$

18 평면 변형률 상태에서 열탄성 구성 방정식이 다음과 같이 주어짐을 보이시오.

$$\begin{aligned}\sigma_{\alpha\beta} &= \lambda\epsilon_{\alpha\alpha}\delta_{\alpha\beta} + 2\mu\epsilon_{\alpha\beta} - (3\lambda + 2\mu)\alpha\Delta T\delta_{\alpha\beta} \\ \sigma_{33} &= \nu(\sigma_{11} + \sigma_{22}) - \alpha E\Delta T\end{aligned}$$

19 평면 응력 상태에서 열탄성 구성 방정식이 다음과 같이 주어짐을 보이시오.

$$\epsilon_{33} = -\frac{\nu(\epsilon_{11} + \epsilon_{22})}{E} + \alpha\Delta T$$

$$\epsilon_{\alpha\beta} = \frac{(1+\nu)\sigma_{\alpha\beta}}{E} - \frac{\nu\sigma_{\alpha\alpha}}{E}\delta_{\alpha\beta} + \alpha\Delta T\delta_{\alpha\beta}$$

20 다음과 같이 정의되는 응력과 변형률을 각각 일탈 응력(deviatoric stress) σ^{dev}과 일탈 변형률(deviatoric strain) ϵ^{dev}이라고 한다. 단, $\sigma = \sigma_{ij}e_i \otimes e_j$, $\epsilon = \epsilon_{ij}e_i \otimes e_j$, $I = \delta_{ij}e_i \otimes e_j$.

$$\sigma^{dev} = \sigma - \frac{1}{3}\mathrm{tr}(\sigma)I \ , \qquad \epsilon^{dev} = \epsilon - \frac{1}{3}\mathrm{tr}(\epsilon)I$$

a) 일탈 응력과 일탈 변형률을 지수 표기법을 사용하여 표시하시오.

b) 다음의 식이 성립됨을 보이시오.

$$\mathrm{tr}(\sigma^{dev}) = 0$$

c) 다음의 식이 성립됨을 보이시오.

$$\mathrm{tr}(\epsilon^{dev}) = 0$$

d) 구성 방정식 $\boldsymbol{\sigma}=\lambda \mathrm{tr}(\boldsymbol{\epsilon})\mathbf{I}+2\mu\boldsymbol{\epsilon}$을 이용하여 다음과 같은 식이 성립됨을 보이시오.

$$\boldsymbol{\sigma}^{\mathrm{dev}} = 2\mu\boldsymbol{\epsilon}^{\mathrm{dev}}$$

e) 다음의 식이 성립됨을 보이시오.

$$\boldsymbol{\sigma}:\boldsymbol{\epsilon} = \boldsymbol{\sigma}^{\mathrm{dev}}:\boldsymbol{\epsilon}^{\mathrm{dev}} + \frac{1}{3}\mathrm{tr}(\boldsymbol{\sigma})\,\mathrm{tr}(\boldsymbol{\epsilon})$$

21 식(6.4.12)에서 보인 구성 방정식을 다음과 같은 지수 표기로 쓸 수 있음을 보이고 방정식을 각 성분별로 Cartesian 좌표로 나타내시오.

$$\sigma_{ij} = \frac{\nu E}{(1+\nu)(1-2\nu)}\epsilon_{kk}\delta_{ij} + \frac{E}{1+\nu}\epsilon_{ij}$$

제 7장 유체와 연속체(Fluid and Continuum)

7.1 유체로서의 연속체(Continuum as Fluid)

7.2 비점성 유체(inviscid fluid)

7.3 비점성-비압축성 유체
(inviscid incompressible fluid)

7.4 Euler의 운동 방정식

7.5 점성 유체(viscous fluid)

7.6 Navier-Stokes 방정식

7.1 유체로서의 연속체(Continuum as Fluid)

고체와 유체의 역학적 거동은 유사한 점도 있으나 분명하게 구분되는 점도 있다. 유체는 일정한 형상이 없으나 고체는 일정한 모양을 갖는다. 유체는 전단 응력에 저항할 수 없으므로 유체를 이루고 있는 질점에 힘이 작용될 때 유동이 시작되나 고체는 전단 응력에 저항할 수 있으므로 변형은 발생되나 유동하지 않는 상태로 머물 수 있다. 유체의 종류를 그 특성에 따라 분류할 때 전단 응력의 영향을 무시할 수 있는 경우의 유체를 비점성 유체(inviscid fluid)라 하고 전단 응력의 영향을 반드시 고려해야 하는 경우의 유체를 점성 유체(viscous fluid)라고 한다. 실제 유체에는 점성이 존재하나 비점성 유체로 가정하여 해석할 수 있는 경우도 있다. 유체 유동에서 상대적으로 점성력에 비해서 관성력이 크게 작용하는 경우에는, 예를 들어, 기체의 고속 유동에서는 점성의 효과를 무시하고 비점성 유체로 취급할 수 있다. 그러나 비점성 유체라고 하더라도 고체 경계면과의 상호작용이 있다면 고체 면을 따라 흐르는 유동에서는 점성의 효과를 무시할 수 없게 되어 점성 유체로 다루어야 한다. 이때 고체의 표면에 생기는 점성 유동 지역을 경계층(boundary layer)이라고 하며 상대적으로 큰 유동 속도의 구배를 가지게 된다. 항공기나 잠수함, 또는 선박 등 유체 내에서 운동하고 있는 물체에 작용하는 힘을 정확하게 계산하기 위해서는 점성 유체에 관한 방정식을 사용하여야 한다.

유체는 그 특성에 따라 액체(liquid)와 기체(gas)로 나누어 질 수 있으며 액체는 비압축성(incompressible)으로 취급하는 경우가 많고, 기체는 많은 경우에 압축성(compressible)으로 간주한다. 유체에 관한 분야는 매우 방대하기 때문에 여기서는 극히 일부분만 다룰 수밖에 없으며, 점성(viscosity)의 효과를 무시할 수 있는 비점성 유체(inviscid fluid)와 전단 응력이 변형속도 (rate of deformation)와 선형적으로 비례하다고 가정하는 Newton 유체(Newtonian fluid)를 중심으로 설명하기로 한다. 공기와 물을 포함하는 대부분의 유체는 Newton 유체로 취급할 수 있으며, 반면에 꿀이나 혈

액 같은 혼탁액이나 점탄성(viscoelastic) 재료 등은 비 Newton 유체(non Newtonian fluid)로 취급되어 전단 응력과 속도 구배의 비선형적인 관계를 고려해야만 한다.

유체에 대한 문제를 해석하는데 있어서 가장 중요한 것은 속도와 압력을 구하는 일이며 이것은 고체에 대한 문제를 풀 때 가장 관심 있게 보는 응력과 변위를 구하는 것과 대응된다고 생각할 수 있다. 유체의 유동 시에 발생하는 속도와 압력을 구하기 위해서는 5장에서 설명한 보존 법칙 - 질량 보존 법칙, 선형 운동량 보존 법칙, 각 운동량 보존 법칙, 에너지 보존 법칙, 열역학 제2법칙 등과 유체의 특성에 따른 구성 방정식을 만족해야 하며 열전달 효과를 고려해야 할 경우에는 에너지 방정식과 관련된 관계식들이 추가되어야 한다.

7.2 비점성 유체(inviscid fluid)

유체가 정지해 있거나 일정한 운동을 하는 경우, 유체에 잠겨있는 물체의 표면에는 모든 방향에서 같은 크기를 갖는 압력 p가 작용하며 되며 이를 정수압(hydrostatic pressure)이라고 한다. 이때 물체 표면에서 유체로 인하여 작용하는 응력 벡터는 다음과 같이 정의한다.

$$\mathrm{t}^{(\mathrm{n})} = \mathrm{n} \cdot \sigma = -p\,\mathrm{n}, \qquad t_j^{(n)} = \sigma_{ij} n_i = -p n_j \qquad (7.2.1)$$

식(7.2.1)로부터 유체의 표면에 작용하는 응력은 다음과 같이 나타낼 수 있으며 이는 비점성 유체에 대한 구성 방정식으로 다음과 같이 정의할 수 있다.

$$\sigma = -p\mathrm{I}, \qquad \sigma_{ij} = -p\delta_{ij} \qquad (7.2.2)$$

비점성 유체는 연속체로서 연속 방정식(질량 보존 법칙), 운동 방정식(선형 운동량 보존 법칙), 각 운동량 보존 방정식 및 에너지 방정식을 만족해야 한다. 연속 방정식은 다음과 같이 주어진다.

$$\frac{D\rho}{Dt}+\rho(\nabla \cdot \mathrm{v})=0, \qquad \frac{D\rho}{Dt}+\rho v_{i,i}=0 \tag{7.2.3}$$

연속 방정식을 Cartesian 좌표로 표시하면 다음과 같다.

$$\frac{D\rho}{Dt}+\rho\left(\frac{\partial v_1}{\partial x_1}+\frac{\partial v_2}{\partial x_2}+\frac{\partial v_3}{\partial x_3}\right)=0 \tag{7.2.4}$$

운동 방정식은 선형 운동량 보존 법칙과 각 운동량 보존 법칙을 말하며 다음과 같이 주어진다.

$$\rho\frac{D\mathrm{v}}{Dt}=\nabla \cdot \sigma+\rho \mathrm{b} \tag{7.2.5}$$

또는

$$\rho\frac{Dv_i}{Dt}=\sigma_{ji,j}+\rho b_i \tag{7.2.6}$$

Cartesian 좌표로 표시하면 다음과 같다.

$$\begin{aligned} \rho\frac{Dv_1}{Dt} &= \frac{\partial\sigma_{11}}{\partial x_1}+\frac{\partial\sigma_{21}}{\partial x_2}+\frac{\partial\sigma_{31}}{\partial x_3}+\rho b_1 \\ \rho\frac{Dv_2}{Dt} &= \frac{\partial\sigma_{12}}{\partial x_1}+\frac{\partial\sigma_{22}}{\partial x_2}+\frac{\partial\sigma_{32}}{\partial x_3}+\rho b_2 \\ \rho\frac{Dv_3}{Dt} &= \frac{\partial\sigma_{13}}{\partial x_1}+\frac{\partial\sigma_{23}}{\partial x_2}+\frac{\partial\sigma_{33}}{\partial x_3}+\rho b_3 \end{aligned} \tag{7.2.7}$$

또한, 식(5.6.10)에서 각 운동량 보존 법칙에 의해서 $\sigma=\sigma^T$와 같이 응력의 대칭성이 요구됨을 이미 설명하였다. 마지막으로 식(5.7.20)으로부터 다음과 같이 에너지 방정식이 주어진다.

$$\rho\frac{De}{Dt}=\mathrm{tr}(\sigma\cdot\mathrm{D})-\nabla\cdot\mathrm{q} \tag{7.2.8}$$

또는

$$\rho\frac{De}{Dt}=\sigma_{ij}D_{ij}-q_{i,i} \tag{7.2.9}$$

위에서 살펴본 방정식에는 속도, 응력, 열, 밀도, 압력 및 에너지 등이 함께 포함되어 있으므로 비점성 유체의 유동을 해석하기 위해서는 식(7.2.2), 식(7.2.3), 식(7.2.5), 그리고 식(7.2.8)을 모두 만족시키는 해를 찾아야 한다.

7.3 비점성-비압축성 유체(inviscid incompressible fluid)

실제 유체는 어느 정도의 압축성(compressibility)을 가지고 있다. 유체의 압축성은 압력과 온도의 변화와 관련이 있으며 이는 밀도의 변화를 가져온다. 그러나 많은 경우에 있어서 이러한 변화는 무시할 수 있으며 이러한 유체를 비압축성(incompressible fluid)라고 한다. 비점성-비압축성 유체에 대한 방정식은 비점성 유체에 대한 방정식에 비압축성 조건을 추가로 적용하는 방식으로 얻어진다. 유체를 비압축성으로 가정하면 밀도 ρ는 유체의 모든 운동에 대하여 상수가 되므로 다음 식을 만족한다.

$$\frac{D\rho}{Dt} = 0 \qquad (7.3.1)$$

식(7.3.1)을 식(7.2.3)에 대입하면 비압축성 유체에 대한 연속 방정식(continuity equation)을 다음과 같이 얻을 수 있다.

$$\nabla \cdot \mathbf{v} = 0, \qquad v_{i,i} = 0 \qquad (7.3.2)$$

또한, 식(7.2.5)에서의 운동 방정식은 다음과 같이 표시할 수 있다.

$$\rho \frac{D\mathbf{v}}{Dt} = \nabla \cdot \sigma + \rho \mathbf{b} \qquad (7.3.3)$$

또는

$$\rho_0 \frac{Dv_i}{Dt} = \sigma_{ji,j} + \rho b_i \qquad (7.3.4)$$

에너지 방정식은 식(7.2.8)로부터 다음과 같이 주어진다.

$$\rho \frac{De}{Dt} = -\nabla \cdot \mathbf{q}, \qquad \rho \frac{De}{Dt} = -q_{i,i} \qquad (7.3.5)$$

비압축성 유체에 대한 에너지 식(7.3.5)에서는 식(7.2.8)의 경우와 달리 우변에서 $\mathrm{tr}(\sigma \cdot \mathrm{D}) = 0$ 이 적용되었는데, 그 과정을 살펴보기 위해서 $\sigma \cdot \mathrm{D}$의 대각합을 수행하면 다음과 같다.

$$\mathrm{tr}(\sigma \cdot \mathrm{D}) = \sigma_{ij} D_{ji} = \sigma_{ij} \frac{\partial v_j}{\partial x_i} \qquad (7.3.6)$$

식(7.3.6)에 비압축성 유체의 구성 방정식인 식(7.2.2)을 대입하면 다음과 같다.

$$\mathrm{tr}(\sigma \cdot \mathrm{D}) = -p\delta_{ij}\frac{\partial v_j}{\partial x_i} = -p\frac{\partial v_i}{\partial x_i} = -p(\nabla \cdot \mathrm{v}) = 0 \qquad (7.3.7)$$

여기서 식(7.3.2)의 비압축성 조건에 의하여 $\nabla \cdot \mathrm{v}=0$이 되므로 $\mathrm{tr}(\sigma \cdot \mathrm{D})=0$임을 알 수 있다.

기본적인 비점성 비압축성 유체에 대한 방정식들은 연속 방정식, 운동 방정식, 그리고 구성 방정식등으로 구성되어 있으며 유동을 해석하기 위해서는 3개의 속도 성분, 6개의 응력 성분, 1개의 압력이 결정되어야 하며 모두 10개의 미지수를 구해야 한다. 방정식은 1개의 연속 방정식, 3개의 운동 방정식, 그리고 6개의 구성 방정식이 있으므로 모두 10개의 방정식이 있다. 10개의 방정식으로 부터 10개의 미지수를 구하는 문제가 되어 적절한 경계조건과 초기조건이 주어진다면 해를 구할 수 있게 된다. 다음은 비점성 비압축성 유체에 대한 유동 해석을 위해서 기본적으로 필요한 방정식들을 나열한 것이다.

연속 방정식(1)

$$\nabla \cdot \mathrm{v} = 0$$

$$\frac{\partial v_1}{\partial x_1} + \frac{\partial v_2}{\partial x_2} + \frac{\partial v_3}{\partial x_3} = 0$$

운동 방정식(3)

$$\rho_0 \frac{D\mathrm{v}}{Dt} = \nabla \cdot \sigma + \rho_0 \mathrm{b}$$

$$\rho_0 \frac{Dv_1}{Dt} = \frac{\partial \sigma_{11}}{\partial x_1} + \frac{\partial \sigma_{21}}{\partial x_2} + \frac{\partial \sigma_{31}}{\partial x_3} + \rho_0 b_1$$
$$\rho_0 \frac{Dv_2}{Dt} = \frac{\partial \sigma_{12}}{\partial x_1} + \frac{\partial \sigma_{22}}{\partial x_2} + \frac{\partial \sigma_{32}}{\partial x_3} + \rho_0 b_2$$
$$\rho_0 \frac{Dv_3}{Dt} = \frac{\partial \sigma_{13}}{\partial x_1} + \frac{\partial \sigma_{23}}{\partial x_2} + \frac{\partial \sigma_{33}}{\partial x_3} + \rho_0 b_3$$

구성 방정식(6)

$$\sigma = -p\mathrm{I}$$

$$\sigma_{11} = \sigma_{22} = \sigma_{33} = -p$$
$$\sigma_{12} = \sigma_{23} = \sigma_{13} = 0$$

■ 원통 좌표로 표시한 비압축 비점성 유체 방정식

연속 방정식

$$\nabla \cdot \mathrm{v} = \frac{\partial v_r}{\partial r} + \frac{1}{r}\left(\frac{\partial v_\theta}{\partial \theta} + v_r\right) + \frac{\partial v_z}{\partial z} \cdot$$

운동 방정식

$$\rho_0 \frac{Dv_r}{Dt} = \frac{\partial \sigma_{rr}}{\partial r} + \frac{1}{r}\frac{\partial \sigma_{r\theta}}{\partial \theta} + \frac{\partial \sigma_{rz}}{\partial z} + \frac{1}{r}(\sigma_{rr} - \sigma_{\theta\theta}) + \rho_0 b_r$$
$$\rho_0 \frac{Dv_\theta}{Dt} = \frac{\partial \sigma_{r\theta}}{\partial r} + \frac{1}{r}\frac{\partial \sigma_{\theta\theta}}{\partial \theta} + \frac{\partial \sigma_{\theta z}}{\partial z} + \frac{2}{r}\sigma_{r\theta} + \rho_0 b_\theta$$
$$\rho_0 \frac{Dv_z}{Dt} = \frac{\partial \sigma_{zr}}{\partial r} + \frac{1}{r}\frac{\partial \sigma_{z\theta}}{\partial \theta} + \frac{\partial \sigma_{zz}}{\partial z} + \frac{1}{r}\sigma_{zr} + \rho_0 b_z$$

구성 방정식

$$\sigma = -p\mathrm{I}$$

$$\sigma_{rr} = \sigma_{\theta\theta} = \sigma_{zz} = -p$$
$$\sigma_{r\theta} = \sigma_{\theta z} = \sigma_{rz} = 0$$

7.4 Euler의 운동 방정식

비점성 유체에 대한 유동을 해석하기 위하여 많은 수의 미지수를 모두 포함한 방정식의 해를 구하는 것은 매우 어려운 문제이며 이를 해결하기 위해서 보다 다루기 편리하도록 방정식을 단순화 하는 방법이 종종 사용된다.

먼저 식(7.2.2)의 양변에 발산을 취하면

$$\nabla \cdot \sigma = -\nabla \cdot (p\mathrm{I}) = -\nabla p \qquad (7.4.1)$$

또는

$$\sigma_{ij,i} = -p_{,i}\delta_{ij} = -p_{,j} \qquad (7.4.2)$$

식(7.4.1)을 식(7.2.5)에 대입하면 다음과 같은 속도, 밀도, 압력에 대한 방정식이 되며 이를 Euler의 운동 방정식이라고 한다.

$$\rho\frac{D\mathrm{v}}{Dt} = -\nabla p + \rho\mathrm{b} \qquad (7.4.3)$$

또는

$$\rho \frac{Dv_i}{Dt} = -p_{,i} + \rho b_i \qquad (7.4.4)$$

만일 유체가 정지 상태에 있으면 시간에 대한 항이 없어지게 되므로 식(7.4.3)은 다음과 같이 더 간단하게 표시된다.

$$-\nabla p + \rho \mathbf{b} = 0, \qquad -p_{,i} + \rho b_i = 0 \qquad (7.4.5)$$

7.5 점성 유체(viscous fluid)

비점성 유체와 달리 유동 중에 전단 응력의 영향을 무시할 수 없는 유체를 점성 유체(viscous fluid)라고 한다. 점성 유체에 대한 구성 방정식을 도출해 내기 위해서는 수직 응력과 전단 응력을 적절하게 표시할 수 있는 항들을 고려해야 한다. 이를 위해서 전단 응력 텐서 τ를 도입하여 유체의 유동이 없을 때, 즉, 정지 상태일 때는 유체가 비점성 유체와 동일하게 정수압만 작용하게 되며 이를 위해서는 전단 응력 텐서가 사라져야 하는 조건을 구성 방정식에서 만족해야 한다. 점성 유체에 대한 구성 방정식은 다음과 같이 정수압과 전단 응력을 반영할 수 있는 형태로 정의하며 다음과 같이 수어진다.

$$\sigma = -p\mathrm{I} + \tau, \qquad \sigma_{ij} = -p\delta_{ij} + \tau_{ij} \qquad (7.5.1)$$

식(7.5.1)에서 전단 응력을 정의하는 방법으로 전단 응력 τ가 속도 구배 $(\nabla \mathrm{v})^{\mathrm{T}}$와 선형 관계를 가지고 있다고 가정하는 것이다. 이러한 조건을 만족하는 유체를 Newton 유체(Newtonian fluid)라고 한다. 전단 응력 텐서 τ가 식(3.9.3)에서 정의된 변형 속도 텐서 D의 함수라는 것과 정지 상태에서 사라지는 것을 만족하는 관계식을 찾는 과성에서 가장 간단한 형식은 선형 관계로 징의하는 것이다. 여기서는 전단 응력 τ와 변형 속도 텐서 D의 관계를 다음과 같이 놓기로 한다.

$$\boldsymbol{\tau} = \lambda \,\mathrm{tr}\,(\mathrm{D})\mathrm{I} + 2\mu \mathrm{D} \tag{7.5.2}$$

또는

$$\tau_{ij} = \lambda D_{kk}\delta_{ij} + 2\mu D_{ij} \tag{7.5.3}$$

여기서 주의 할 점은 λ와 μ는 고체에서의 탄성 계수가 아니라 점성 계수(coefficient of viscosity)라는 점이다. 식(7.5.2)를 식(7.5.1)에 대입하면 다음과 같은 점성 유체에 대한 구성 방정식을 얻게 된다.

$$\boldsymbol{\sigma} = \{-p + \lambda \,\mathrm{tr}\,(\mathrm{D})\}\mathrm{I} + 2\mu \mathrm{D} \tag{7.5.4}$$

또는

$$\sigma_{ij} = (-p + \lambda D_{kk})\delta_{ij} + 2\mu D_{ij} \tag{7.5.5}$$

식(7.5.4)의 양변에 대각합을 취하면

$$\begin{aligned} \mathrm{tr}\,\boldsymbol{\sigma} &= \{-p + \lambda \,\mathrm{tr}\,(\mathrm{D})\}\,\mathrm{tr}(\mathrm{I}) + 2\mu \,\mathrm{tr}(\mathrm{D}) \\ &= -3p + (3\lambda + 2\mu)\mathrm{tr}(\mathrm{D}) \end{aligned} \tag{7.5.6}$$

또는

$$\begin{aligned} \sigma_{kk} &= (-p + \lambda D_{kk})\delta_{kk} + 2\mu D_{kk} \\ &= -3p + (3\lambda + 2\mu)D_{kk} \end{aligned} \tag{7.5.7}$$

여기서 tr(I)=3 또는 $\delta_{kk}=\delta_{11}+\delta_{22}+\delta_{33}=3$이다. 압축성 유체에서의 압력 p는 Stokes의 조건 $3\lambda+2\mu=0$을 식(7.5.6)에 적용하면 다음과 같이 수직 응력의 성분의 대각합으로 나타낼 수 있다.

$$p=-\frac{1}{3}tr(\sigma), \qquad p=-\frac{1}{3}\sigma_{kk} \qquad (7.5.8)$$

결과적으로 식(7.5.4)에 Stokes의 조건 $\lambda=-2/3\mu$을 대입하면 압축성 점성 유체에 대한 구성 방정식은 다음과 같이 주어진다.

$$\boldsymbol{\sigma}=-\left\{\mathrm{p}+\frac{2}{3}\mu(\mathrm{tr\,D})\right\}\mathrm{I}+2\mu\mathrm{D} \qquad (7.5.9)$$

또는

$$\sigma_{ij}=-\left(p+\frac{2}{3}\mu D_{kk}\right)\delta_{ij}+2\mu D_{ij} \qquad (7.5.10)$$

비압축성 유체인 경우에는 다음과 같은 연속 방정식이 유효하게 된다.

$$\nabla\cdot\mathrm{v}=0 \qquad (7.5.11)$$

또는

$$\mathrm{tr}(\mathrm{D})=0 \qquad (7.5.12)$$

위의 연속 방정식을 식(7.5.9)에 대입하면 다음과 같은 비압축성 유체에 대한 구성 방정식을 얻는다.

$$\sigma = -p\mathrm{I} + 2\mu\mathrm{D}, \qquad \sigma_{ij} = -p\delta_{ij} + 2\mu D_{ij} \tag{7.5.13}$$

식(7.5.13)에 식(3.9.3)을 대입하여 속도의 항으로 고쳐 쓰면 다음과 같다.

$$\sigma = -p\mathrm{I} + \mu\{(\nabla\mathrm{v})^T + \nabla\mathrm{v}\} \tag{7.5.14}$$

또는

$$\sigma_{ij} = -p\delta_{ij} + \mu(v_{i,j} + v_{j,i}) \tag{7.5.15}$$

■ 비압축성 점성 유체에 대한 방정식 요약

비압축성 점성 유체에 대한 방정식들은 비점성 유체의 경우와 마찬가지로 연속 방정식, 운동 방정식, 그리고 구성 방정식의 3개로 구성되어 있다. 비압축성 점성 유체의 유동을 해석하기 위해서는 3개의 속도 성분, 6개의 응력 성분, 1개의 압력을 계산해야 하며 모두 10개의 미지수가 있다. 1개의 연속 방정식, 3개의 운동 방정식, 그리고 6개의 구성 방정으로 모두 10개의 방정식이 주어진다.

연속 방정식(1)

$$\nabla \cdot \mathrm{v} = 0$$

$$\frac{\partial v_1}{\partial x_1} + \frac{\partial v_2}{\partial x_2} + \frac{\partial v_3}{\partial x_3} = 0$$

운동 방정식(3)

$$\rho_0 \frac{D\mathbf{v}}{Dt} = \nabla \cdot \boldsymbol{\sigma} + \rho_0 \mathrm{b}$$

$$\rho \frac{Dv_1}{Dt} = \frac{\partial \sigma_{11}}{\partial x_1} + \frac{\partial \sigma_{21}}{\partial x_2} + \frac{\partial \sigma_{31}}{\partial x_3} + \rho b_1$$
$$\rho \frac{Dv_2}{Dt} = \frac{\partial \sigma_{12}}{\partial x_1} + \frac{\partial \sigma_{22}}{\partial x_2} + \frac{\partial \sigma_{32}}{\partial x_3} + \rho b_2$$
$$\rho \frac{Dv_3}{Dt} = \frac{\partial \sigma_{13}}{\partial x_1} + \frac{\partial \sigma_{23}}{\partial x_2} + \frac{\partial \sigma_{33}}{\partial x_3} + \rho b_3$$

구성 방정식(6)

$$\boldsymbol{\sigma} = -p\boldsymbol{I} + \mu\{(\nabla \boldsymbol{v})^T + \nabla \boldsymbol{v}\}$$

$$\sigma_{11} = -p + 2\mu \frac{\partial v_1}{\partial x_1}$$
$$\sigma_{22} = -p + 2\mu \frac{\partial v_2}{\partial x_2}$$
$$\sigma_{33} = -p + 2\mu \frac{\partial v_3}{\partial x_3}$$
$$\sigma_{12} = \mu\left(\frac{\partial v_1}{\partial x_2} + \frac{\partial v_2}{\partial x_1}\right)$$
$$\sigma_{23} = \mu\left(\frac{\partial v_2}{\partial x_3} + \frac{\partial v_3}{\partial x_2}\right)$$
$$\sigma_{13} = \mu\left(\frac{\partial v_1}{\partial x_3} + \frac{\partial v_3}{\partial x_1}\right)$$

■ 원통 좌표와 비압축 점성 유체 방정식

연속 방정식

$$\frac{\partial v_r}{\partial r}+\frac{1}{r}\left(\frac{\partial v_\theta}{\partial \theta}+v_r\right)+\frac{\partial v_z}{\partial z}=0$$

운동 방정식

$$\rho_0\frac{Dv_r}{Dt}=\frac{\partial \sigma_{rr}}{\partial r}+\frac{1}{r}\frac{\partial \sigma_{r\theta}}{\partial \theta}+\frac{\partial \sigma_{rz}}{\partial z}+\frac{1}{r}(\sigma_{rr}-\sigma_{\theta\theta})+\rho_0 b_r$$
$$\rho_0\frac{Dv_\theta}{Dt}=\frac{\partial \sigma_{r\theta}}{\partial r}+\frac{1}{r}\frac{\partial \sigma_{\theta\theta}}{\partial \theta}+\frac{\partial \sigma_{\theta z}}{\partial z}+\frac{2}{r}\sigma_{r\theta}+\rho_0 b_\theta$$
$$\rho_0\frac{Dv_z}{Dt}=\frac{\partial \sigma_{zr}}{\partial r}+\frac{1}{r}\frac{\partial \sigma_{z\theta}}{\partial \theta}+\frac{\partial \sigma_{zz}}{\partial z}+\frac{1}{r}\sigma_{zr}+\rho_0 b_z$$

구성 방정식

$$\sigma_{rr}=-p+2\mu\frac{\partial v_r}{\partial r}$$

$$\sigma_{\theta\theta}=-p+2\mu\frac{1}{r}\left(\frac{\partial v_\theta}{\partial \theta}+v_r\right)$$

$$\sigma_{zz}=-p+2\mu\frac{\partial v_z}{\partial z}$$

$$\sigma_{r\theta}=\mu\left(\frac{1}{r}\frac{\partial v_r}{\partial \theta}+\frac{\partial v_\theta}{\partial r}-\frac{v_\theta}{r}\right)$$

$$\sigma_{\theta z}=\mu\left(\frac{\partial v_\theta}{\partial z}+\frac{1}{r}\frac{\partial v_z}{\partial \theta}\right)$$

$$\sigma_{rz}=\mu\left(\frac{\partial v_r}{\partial z}+\frac{\partial v_z}{\partial r}\right)$$

7.6 Navier-Stokes 방정식

식(7.2.5)의 운동 방정식은 비점성 유체나 점성 유체에 상관없이 적용되기에 중요한 위치를 차지하고 있으며, 유체의 유동을 해석하기 위해서는 반드시 풀어야 하는 방정식이다. 운동 방정식의 우변에서 응력으로 표시된 항은 일반화 된 모습이기 때문에 유체의 종류가 정해지면 그에 따라 수정되어야 한다. 즉, 비점성 유체로 가정하면 그에 대한 구성 방정식을 대입하게 되어 앞에서 보았듯이 Euler 운동 방정식을 얻게 된다. 그러나 점성 유체에 대해서는 그렇게 간단한 식으로 나오지 않게 되는데 그 이유는 점성 유체의 구성 방정식이 비점성 유체의 그것보다 다소 복잡하기 때문이다. 그러므로 운동 방정식을 점성 유체에 맞게 수정하여 적용할 수 있도록 식을 유도하는 것은 매우 의미가 있는 일이다. 먼저, 압축성 점성 유체에 대하여 속도의 항으로 표시된 운동 방정식을 유도한 후, 비압축성 점성 유체에 대한 방정식도 도출해 보기로 한다.

식(7.2.5)의 운동 방정식에 압축성 점성 유체에 대한 구성 방정식인 식(7.5.8)을 대입하고 필요한 연산을 수행하면 다음과 같은 결과를 얻게 된다.

$$\begin{aligned}\rho\frac{Dv_i}{Dt} &= -\left(p_{,i}+\frac{2}{3}\mu D_{kk,i}\right)\delta_{ij} + 2\mu D_{ij,i} + \rho b_i \\ &= -p_{,j} - \frac{2}{3}\mu v_{k,kj} + \mu(v_{j,ii}+v_{i,ji}) + \rho b_i \\ &= -p_{,j} + \frac{1}{3}\mu v_{i,ji} + \mu v_{j,ii} + \rho b_i\end{aligned} \tag{7.6.1}$$

여기서

$$D_{kk} = \frac{1}{2}(v_{k,k}+v_{k,k}) = v_{k,k} \tag{7.6.2}$$

$$D_{kk,i} = v_{k,ki} \tag{7.6.3}$$

$$D_{ij,i} = \frac{1}{2}(v_{j,i} + v_{i,j})_{,i} = \frac{1}{2}(v_{j,ii} + v_{i,ji}) \qquad (7.6.4)$$

식(7.6.1)은 다음과 같이 표시할 수 있으며 이를 압축성 점성 유체에 대한 Navier-Stokes 방정식이라고 한다.

$$\rho \frac{D\mathbf{v}}{Dt} = -\nabla p + \mu\left\{\nabla^2 \mathbf{v} + \frac{1}{3}\nabla(\nabla \cdot \mathbf{v})\right\} + \rho \mathbf{b} \qquad (7.6.5)$$

한편, 비압축성 유체에 대하여는 $\nabla \cdot \mathrm{v}=0$이므로 식(7.6.5)는 다음과 같이 쓸 수 있으며 이를 비압축성 점성 유체에 대한 Navier-Stokes 방정식이라 한다.

$$\rho \frac{D\mathbf{v}}{Dt} = -\nabla p + \mu \nabla^2 \mathbf{v} + \rho \mathbf{b} \qquad (7.6.6)$$

또는

$$\rho \frac{Dv_i}{Dt} = -p_{,i} + \mu v_{i,jj} + \rho b_i \qquad (7.6.7)$$

식(7.6.6)의 물리적 의미를 살펴보면, 좌변은 관성력(inertia force)을 의미하며, 우변의 첫 번째 항은 압력 구배로 인한 힘이고, 두 번째 항은 점성 마찰력을 뜻하며, 마지막 항은 체력을 의미한다. 그러므로 Navier-Stokes 방정식은 관성력과 압력, 점성, 체력으로 인한 힘의 평형에 관한 식이다. 만일 적절한 조건이 주어진 상황에서 Navier-Stokes 방정식을 푼다면 유동의 속도, 압력, 그리고 밀도에 대한 내용을 상세하게 알 수 있게 된다.

원통 좌표로 표시된 Navier-Stokes 방정식은 다음과 같다.

$$\rho\frac{Dv_r}{Dt} = -\frac{\partial p}{\partial r} + \mu\left(\nabla^2 v_r - \frac{2}{r^2}\frac{\partial u_\theta}{\partial \theta} - \frac{1}{r^2}v_r\right) + \rho b_r$$

$$\rho\frac{Dv_\theta}{Dt} = -\frac{1}{r}\frac{\partial p}{\partial \theta} + \mu\left(\nabla^2 v_\theta - \frac{2}{r^2}\frac{\partial v_r}{\partial \theta} - \frac{1}{r^2}v_\theta\right) + \rho b_\theta \qquad (7.6.8)$$

$$\rho\frac{Dv_z}{Dt} = -\frac{\partial p}{\partial z} + \mu\nabla^2 v_z + \rho b_z$$

여기서

$$\nabla^2 = \frac{\partial^2}{\partial r^2} + \frac{1}{r}\frac{\partial}{\partial r} + \frac{1}{r^2}\frac{\partial^2}{\partial \theta^2} + \frac{\partial^2}{\partial z^2} \qquad (7.6.9)$$

연습문제

1 비점성 유체의 구성 방정식은 어떻게 표시되는가?

2 비점성 유체의 유동 해석에 필요한 방정식은 어떤 것들이 있는가?

3 Euler 방정식은 어떤 가정 하에서 유도되는가?

4 비압축성 유체에서 왜 변형 속도의 대각합이 tr(D)=0이 되는가?

5 Newton 유체는 무엇인가?

6 Stokes 조건은 무엇인가?

7 Navier-Stokes 방정식은 비점성 유체에도 적용될 수 있는가?

8 Navier-Stokes 방정식의 물리적 의미는 무엇인가?

9 유체의 균일 운동조건은 유체의 속도 v가 위치와 관계없이 일정한 운동을 하는 것을 의미한다. 균일 운동 상태를 수식으로 표시하면 다음과 같다. 주어진 식을 지수 표기법으로 표기하고, 지수에 대한 모든 항을 Cartesian 좌표로 나타내시오.

$$\nabla \mathrm{v} = 0$$

10 다음 식을 지수 표기법으로 다시 쓰고 지수별로 전개하여 Cartesian 좌

표로 표시하시오.

$$\sigma = -p\mathrm{I}$$

11 비점성 유체의 연속 방정식은 다음과 같이 주어진다. 다음 식을 지수 표기법으로 다시 쓰고 지수별로 전개하여 Cartesian 좌표로 표시하시오.

$$\nabla \cdot \mathrm{v} = 0$$

12 유체의 운동 방정식은 다음과 같이 주어진다. 다음 식을 지수 표기법으로 다시 쓰고 지수별로 전개하여 Cartesian 좌표로 표시하시오.

$$\rho \frac{D\mathrm{v}}{Dt} = \nabla \cdot \sigma + \rho \mathrm{b}$$

13 Euler 방정식은 다음과 같이 주어진다. 다음 식을 지수 표기법으로 다시 쓰고 지수별로 전개하여 Cartesian 좌표로 표시하시오.

$$\rho \frac{D\mathrm{v}}{Dt} = -\nabla p + \rho \mathrm{b}$$

14 비압축성 점성 유체의 구성 방정식은 다음과 같이 주어진다. 다음 식을 지수 표기법으로 다시 쓰고 지수별로 전개하여 Cartesian 좌표로 표시하시오.

$$\sigma = -p\mathrm{I} + 2\mu \mathrm{D}$$

15 점성 유체의 운동 방정식은 다음과 같이 주어지며 이를 Navier-Stokes 방정식이라고 한다. 다음 식을 지수 표기법으로 표시하고 지수별로 전개하여 Cartesian 좌표로 나타내시오.

$$\rho \frac{D\mathbf{v}}{Dt} = -\nabla p + \mu \nabla^2 \mathbf{v} + \rho \mathbf{b}$$

16 밀도장(density field)과 속도장이 다음과 같이 주어졌을 때 t=1에서 유동의 비압축성 여부를 판단하시오.

$$\rho(\mathbf{x}, t) = x_1^2 + x_2(1 - e^{-t})$$
$$v_1 = -3x_1x_3 + x_2^2$$
$$v_2 = x_1x_2 + 3x_2 - x_3^2$$
$$v_3 = x_1 - 2x_3^2$$

17 속도장(velocity field)이 다음과 같이 주어졌을 때의 유동이 연속 방정식을 만족하는지 보이시오. 단, 비압축성 유동으로 가정한다.

$$v_1 = -3x_1x_3 + x_2^2$$
$$v_2 = x_1x_2 + 3x_2 - x_3^2$$
$$v_3 = x_1 - 2x_3^2$$

18 속도장이 다음과 같이 주어질 때 연속 방정식을 만족시킬 수 있는 밀도 ρ를 구하시오.

$$v_1 = 0, \quad v_2 = t^2 x_2, \quad v_3 = t x_3$$

19 속도장이 다음과 같이 주어질 때 연속 방정식을 만족시킬 수 있는 밀도 ρ를 구하시오.

$$v_1 = \frac{x_1}{1+t}, \quad v_2 = 0, \quad v_3 = 0$$

20 Newton 유체의 유동의 속도가 다음과 같이 측정되었을 때 아래에 주어진 물리량을 구하시오.

$$v_1 = x_1 x_3 + x_2^2$$
$$v_2 = x_1 x_2 + 3x_2 + x_3^2$$
$$v_3 = x_1 - 2x_3^2$$

a) 변형 속도 D

b) 회전 W

c) 전단 응력

21 Newton 유체의 유동의 속도가 다음과 같이 측정되었을 때 아래에 주어신 물리량을 구하시오.

$$v_1 = x_1 x_3 + x_2^2$$
$$v_2 = x_1 x_2 + 3x_2 + x_3^2$$
$$v_3 = x_1 - 2x_3^2$$

a) 변형 속도 D

b) 회전 W

c) 전단 응력

---

22 Newton 유체의 유동의 속도가 다음과 같이 측정되었을 때 아래에 주어진 물리량을 구하시오.

$$v_1 = 0$$
$$v_2 = x_1 x_2$$
$$v_3 = x_3$$

a) 변형 속도 D　　　b) 회전 W

c) 전단 응력

참고문헌

1. G. T. Mase and G. E. Mase, Continuum Mechanics for Engineers, CRC press, 1999.
2. D. S. Chandrasekharaiah and L Debnath, Continuum Mechanics, Academic press, 1994.
3. Ajit K. Mal and S. J. Singh, Deformation of Elastic Solids, Prentice-Hall, 1991.
4. Y. C. Fung, A First Course in Continuum Mechanics, Prentice-Hall, 1994
5. J. V Beck et al. Heat Conduction Using Green's Function, Hemisphere Publishing, 1992.
6. N. L. Mysore and Narasimhan, Principles of Continuum Mechanics, John Wiley, 1993.
7. W. Slaughter, The Linearized Theory of Elasticity, Birkhauser, 2002.
8. Y. Basar and D. Weichert, Nonlinear Continuum Mechanics of Solids, Springer-Verlag, 2000.
9. G. Holzapfel, Nonlinear Continuum Mechanics, Wiley, 2001.
10. A. S.Khan and S. Huang, Continuum Theory of Plasticity, John Wiley & Sons, 1995.
11. Rutherford Aris, Vectors, Tensors, and the Basic

Equations of Fluid Mechanics, Prentice-Hall, 1962
12. P. Haupt, Continuum Mechanics and Theory of Materials, Springer, 2000.
13. I.G. Currie, Fundamental Mechanics of Fluids, McGraw-Hill, 1974
14. P.C. Chou, N.J. Pagano, Elasticity, Dover,1992
15. W. Flugge, Tensor Analysis and Continuum Mechanics, Springer-Verlag, 1972.
16. I. S. Sokolnkoff, Tensor Analysis, John Wiley & Sons, 1964.
17. 최덕기, 공학도를 위한 텐서 해석개론, 범한서적
18. 최덕기, 텐서 방정식의 이해, 범한서적
19. 최덕기, 텐서를 사용한 연속체 역학 입문, 인터비전
20. 최덕기, 핵심 연속체 역학, 도서출판 영

찾아보기

연속체 역학

발행	2014년 3월 15일
저자	최덕기
발행인	현영덕
펴낸 곳	도서출판 YOUNG
주소	경기도 고양시 일산동구 호수로 358-25 (동문굿모닝타워2차 1005호)
전화	031) 904-7905~6
팩스	031) 904-7907
등록번호	105-90-67568
E-mail	youngpub@naver.com
ISBN	978-89-92843-67-6 93560

정가 25,000원

※ 파본 및 낙장본은 교환하여 드립니다.